哲学与社会发展研究丛书

自由意志、自主体与实践能动性

张尉琳　著

WUHAN UNIVERSITY PRESS
武汉大学出版社

图书在版编目（CIP）数据

自由意志、自主体与实践能动性 / 张尉琳著 . -- 武汉 ：武汉大学出版社，2024. 9. -- 哲学与社会发展研究丛书. -- ISBN 978-7-307-24492-4

Ⅰ. B82-02

中国国家版本馆 CIP 数据核字 2024LA2277 号

责任编辑:徐胡乡　　　责任校对:杨　欢　　　版式设计:韩闻锦

出版发行: **武汉大学出版社**　　（430072　武昌　珞珈山）

（电子邮箱：cbs22@ whu.edu.cn　网址：www.wdp.com.cn）

印刷:武汉邮科印务有限公司

开本:720×1000　　1/16　　印张:11.75　　字数:167 千字　　插页:1

版次:2024 年 9 月第 1 版　　2024 年 9 月第 1 次印刷

ISBN 978-7-307-24492-4　　定价:48.00 元

前　言

　　自由意志相关论题是西方哲学史中的"常客"，没有自由意志，人类就没有自主选择和调控自身行动的能力，道德和法律责任将成为无源之水，更甚之，人类的尊严将遭到践踏。其相关讨论主要集中在伦理学、宗教哲学和政治哲学的视角，在这些视角下，自由意志的内涵常常带有责任的预设，随之追问的问题是：人们为了对自身行动负责需要什么样的自由意志？然而，当代科学和哲学的联盟将自由意志置于心灵哲学的形而上学视域中，在此自由意志被视为一种心理现象，其本体论(存在论)问题和心理因果性问题凸显，其中典型的案例是，神经科学家李贝特和心理学家魏格纳提出了自由意志危机论，认为传统二元论意义上的自由意志不存在而且没有因果作用力，这威胁了自由意志高阶的存在地位和原因式的因果作用力。

　　自由意志危机论及其引发的相关问题是研究的逻辑起点，李贝特(Libet)的"迟半秒实验"和"否决实验"统称为"判决性实验"，其主要结论是：在行动中，大脑神经关联物先于有意识的决定，人类没有自由意志，自由意志没有决定性的因果作用效力。基于此，魏格纳提出"有意识的意志"是一种副现象，自由意志只是伴随人们的心理过程而发生的，关于这一过程的主观经验或感觉，实质上，它没有任何因果作用，只是物质世界的附带品。他们的结论预设了这样一个关于心身关系的观点，即自由意志

1

等同于大脑神经关联物。

　　旨在解构自由意志危机论的自主性现象学基于自主性经验和自主感的范畴，揭露了自由意志危机实质上只是自由意志民间现象学的危机，相应地，它只是威胁了不相容的自由意志主义，并未真正地威胁到自由意志全部的形而上学图景。然而，对意志怀疑论的解构并不意味着科学与哲学的联盟解散，自然主义路径再次将两者统一起来，具言之，它结合第一人称和第三人称方法透视了自由意志的根源、产生、存在方式、存在地位、本质、构成以及因果作用等问题。

　　基于此，自由意志以非还原的方式从物质世界中突现或随附产生出来，形成复杂的动力系统，由此成为人类实践能动作用的根源。因为自由意志不可还原为简单的基础物质构成，而是以整体大于部分的突现方式产生，所以反过来对实践有能动的因果作用力。这就是为什么人类能够自主选择、调控自身实践活动。实践的能动作用是人类所特有的，与动物有根本的区别，这种能动作用的奥秘就在自由意志的因果机制之中，这种因果作用机制便是高阶的动力系统对低阶属性的下向因果作用。自由意志问题的当代心灵哲学进路从实然的视角与伦理学、政治哲学应然的视角互为补充，它既避免了传统二元论的神秘性，又逃出了意志怀疑论机械唯物主义的窠臼；它既证伪了意志怀疑论的合理性，又例证了科学与哲学统一的可能性。

　　本书将自由意志危机论对自由意志造成的威胁作为出发点，以当代西方心灵哲学的自由意志理论成果为轴，旨在从心灵哲学的视角批判性地重构自由意志理论，以直接应对自由意志危机论，推进自由意志的心灵哲学研究。第一章绪论部分简要地说明了研究的出发点、必要性以及研究目的和框架。基于对自由意志危机论的简要介绍引出自由意志的心灵哲学问题的在场性、可能性和重要性，以此确定研究的出发点、提出研究总问题，另外，相关研究综述证明了研究的必要性、引出了研究目的和总体框架。第二章具体分析并阐释自由意志危机的内容和实质，为研究问题划清范围，为进一步解决自由意志的心灵哲学问题打下基础。第三章以自主性现象学这一概念范畴为轴，通过对自主性经验或自主感的心灵哲学解剖揭露意志怀疑论的片面性，以此解构意志怀疑论。第四章到第七章以相容性问题为基本范式，具体讨论了自由意志的内涵、本质、构成及其在实践中的能动因果机制，自然主义与唯物主义基本一致的成果说明了人是多功能模块复合的自主体，发现了自主体因果力或者原因作用力的可能性，自主体作为复杂的动力系统具有高阶的属性，因而对实践行动有不可还原的下向的因果力，人们不仅在应然的层面上具有自由意志，实然的自由意志也得到了当代西方心灵哲学的支持。

本书旨在澄清当代西方心灵哲学中的自由意志问题，进而解决相关问题，以应对当代科学对自由意志形而上学的挑战。第一，扩宽自由意志问题的研究视角。过去的自由意志研究视角的共同点是预设了道德或法律的前提，但心灵哲学这一视角则不然，它关心的是自由意志在行动中本来的面貌。这有利于更全面地分析自由意志的地理学、地貌学，完善自由意志的本体论范畴体系，探究意志在行动中有何种程度的自由或者说人的实践能动性。第二，进一步应对自由意志危机。自由意志危机是伴随西方神经科学和心理学的发展所导致的，典型代表是神经科学家李贝特的"迟半秒实验"和心理学家魏格纳的自由意志幻觉论，它们威胁到了自由意志的本体论地位，引发了自由意志是否存在、在何种程度上存在、自由意志的心理因果性等问题，并且影响深远，这一理论问题使得从心灵哲学视角研究自由意志问题有其必然性。第三，进一步澄清自由意志研究中科学与哲学的统一关系，以第一人称和第三人称方法并重。西方心灵哲学，尤其是分析性的心灵哲学对于自由意志问题的研究侧重于第三人称方法，可以说是求真性的，但过去的自由意志研究则以第一人称方法为主，主要是规范性的。本书以问题为导向，灵活结合两种方法，有利于自由意志问题研究在方法论上的进一步创新。第四，联动促进心灵哲学中其他相关问题的研究。自由意志问题是心灵哲学中的重要课题之一，它与心理因果性问题、身心本体论问题、意向性问题息息相关，自由意志问题的进一步研究有利于心灵哲学中相关问题的研究进展。

　　本书根据以上具体目的形成基本思路和框架。第一章绪论通过对自由意志危机论的简要介绍，为研究问题的提出打下了基础，它提出了当代心灵哲学视域中自由意志问题的由来、合理性以及解决进路。第二章具体阐释了新兴的科学成果对自由意志构成的威胁，用心灵哲学的术语来说，即是自由意志的本体论和因果作用危机，这种危机论与传统的二元论恰恰相反，在一定程度上可以说它是一种物理主义的等同论。第三章从自主性现象学这一概念切入，以解构自由意志危机论，在自主性现象学中，自由意志危机论被称为意志怀疑论，由于自主性现象学是意志怀疑论的理论基础，因此通过对自主性经验进行构成、条件、认知地位等心灵哲学维度的解剖，研究发现意志怀疑论对自主性现象学的认识太过简单，理论基础的崩塌使得意志怀疑论开始解构，即科学并未能证伪自由意志的存在地位和因果作用力。第四章承接第三章，开始探讨自由意志既然可能存在，它在何种程度上存在，其本质究竟是什么？它主要说明自由意志的本质，发现在唯物主义的范围内，自由意志本质上是具有多功能属性的模块，自由意志之所以能够导致人类能动地、自由自觉地选择并决定自身的行动，是因为该模块具有多种复合功能，例如情绪、反思、限制、标准化等，而人类自主体将这些功能通过复杂的自适应动力系统表现出来。

　　下一步是基于自由意志和决定论的关系来阐释自由意志的因果作用，心灵哲学的视角侧重将自由意志放在行动的解释中来考释，不将自由意志作为道德责任的预设。所以，第五章的侧重点在于根据决定性或物质世界的因果闭合性原则具体解释自由意志的内容或在行动中的具体表现样式，例如，层序愿望的因果链解释、理由（信念、愿望）回应以及内在倾向的行动解释。进而，第六章将突破自由意志和决定论的二元对立，具体分析自由意志的构成，语境主义中所强调的具体语境因素就是其中一种构成，自由意志是否存在、自由意志的作用机制要根据具体的情境来讨论，这包含社会的、历史的、道德等具体语境。另外，在这一章，道德责任是自由意志的另一个构成，这与伦理学视角下应然的自由意志角度相反。在伦理学视角下，自由意志是道德责任的理论预设，但是通过修正主义的探讨，我们发现，道德责任也是自由意志的本质构成，通过对道德责任构成的修正主义探讨，我们发现自由意志的存在和作用有不同的程度和样式。在第七章，当代心灵哲学的自由意志理论成果告诉我们，自由意志在实践行动中的能动作用表现为心理事件的能动作用、自主体的原因作用以及心理内容、感受性质等现象学能动性的自主作用。李贝特和魏格纳之所以陷入自由意志危机论，是因为他们将自由意志看作单一的对象，将其简单地等同于低阶的大脑活动。实质上，心灵与认知的成果证明自由意志具有多种异质的表现形式，由于它随附于基础的物质实在，以突现的方式形成复杂的动力系统，因而其能动的因果作用是下向的，即它作为整体大于部分之和，其作用也不外如是。

目　　录

第一章　绪　　论

第一节　自由意志研究的出发点：自由意志危机

作为被争论了两千年的终极问题之一，自由意志存在与否与决定论息息相关，例如，如果认为自由意志有在前的绝对的决定性因素，而且人没有自由意志，这就是不相容论中的硬决定论。硬决定论根据不同的决定性因素可以分为很多种，若决定因素为鬼神等神秘因素，则为神学决定论，这并不可怕，因为神秘的决定因素顶多让人捉摸不透，但是当科学来做裁判时，却能以客观事实让人哑口无言。古希腊哲学家德谟克利特认为作为本原的原子仅呈直线运动，这颇具物理的硬决定论意味，但伊壁鸠鲁用原子的"偏斜运动"观点推翻了那种机械的硬决定论，用"偶然性"为人类的自由意志保留了一席之地。近代对牛顿力学的推崇助长了物理的硬决定论，自由意志再次被置于危险之地，但后来量子力学以"非确定性"还击，自由意志因而得以喘息。

然而，近三十年来，科学在新的领域有了持续的发展，它与哲学联手，形成了一种新的硬决定论，最有影响力的当属神经科学家李贝特的"判决性实验"和在此基础之上心理学家魏格纳的自由意志"副现象论"或"幻觉论"，前者认为，在实验参与者有意识地做出行动决定前的 350 毫秒，已经有大脑神经活动发挥作用了，这样一来，自由意志的本体论（存在论）地位遭到质疑。魏格纳借由一系列的心理学实验和例子证明，有意识的意志根本不像我们所感觉到的那样导致了自由行动的产生，自由意志只不过是一场幻觉，自由意志对人的行动没有因果作用力，尤其是没有原因式的心理因果作用，它没有意向内容，只是停留在道德领域麻痹人的感觉性质，这样一来，心理学和科学的合力导致了自由意志新的危机。

这场自由意志危机让人们从自由意志理所当然存在的睡梦中惊醒，过去我们总是基于对责任和尊严的需要预设自由意志存在，而今，自由意志危机论使我们不得不思考这样的问题：自由意志是否存在，如果存在的话，为什么存在？尤其是如何反驳危机论带来的挑战？自由意志在何种程度上存在？它的本质、相状、结构是什么？在此基础上，自由意志的发生学机制如何？它究竟拥有何种程度的因果作用力？它发挥着怎样的因果作用或机制？该因果机制的过程是什么？

也就是说，自由意志的民间心理学遭到挑战，民间心理学（FP）的解释范式和概念图式是我们关于信念、愿望等心理内容的常识性认识。例如，看到某人在雨天打伞漫步，我们就预设了这个人相信伞可以遮雨这样的信念。这样的常识心理内容是每个正常人都具备的概念框架和知识资源，没有它，人类将无法正常生活。这种常识性的概念图式隐含于人的头脑之中，通过人的解释显现出来。首先，在民间心理学的概念图式之下，自由意志是没有形式与质料的心理实在，具有广延性，存在于心灵这个空间之中。其次，自由意志能够引起心理事件并与该事件相互作用，进而导致行动的产生。可以看出，自由意志被视为与物质独立开来的精神实体，它有主观任意的能动作用。这种心物二分的解释框架根深蒂固，却也让人习以为常。这种解释也是典型的二元论思想，由此，自由意志这种心理现象就像"机器中的幽灵"一样，变得难以理解，以至于面对科学一次又一次的挑战时，我们要么陷入民间心理学关于自由意志二元论的范式，要么走向机械唯物主义的图圄。既然科学导致的自由意志危机提出了关于自由意志的心灵哲学问题，那么我们有理由直面它的挑战。

第二节 国内外研究现状和述评

在西方心灵哲学的视域中，自由意志问题与伦理学或法哲学视角不同，其逻辑起点并不是道德责任或法律责任前提下的自由意志何以可能的问题，而是首先去追问自由意志这种心理现象是否存在，是否具有心理因果作用力，继而探寻自由意志的地理学和地貌学全景。基于此，国内外相关研究现状如下。

一、国外研究现状和述评

第一，科学对自由意志提出了新的挑战。神经科学家李贝特(1999)基于"判决性实验"质疑自由意志的存在地位，心理学家魏格纳(Wegner, 2002)提出自由意志幻觉论或副现象论，两者构成了意志怀疑论。针对意志怀疑论，学者大多持解构态度，米勒(Mele, 2009)认为李贝特的实验仅仅是在"无差异自由"的层面上对自由意志问题有所启发，不能以偏概全。贝恩和乐雅(Bayne & Levy, 2006)认为意志怀疑论不能成立的原因在于它对自主性现象学的认识太过简单。

第二，自由意志的形而上学立场莫衷一是，自然主义倾向逐渐凸显。早在中世纪，奥古斯汀(2010)就提出了上帝意志的决定论和人类自由意志的相容性问题，虽然是宗教哲学的范畴，但是由此演化出自由意志与决定论是否相容的基本问题。关于相容性问题总共有两种立场，即相容论和不相容论。相容论至少经历了三个阶段的发展，第一阶段是以经验主义者霍布斯和休谟为代表的经典相容论，认为自由意志是能够做自己想做的事的能力。其核心问题在于没有充分解释决定论条件下行动者对其行动的控制能力。相容论发展到第二阶段的重要标志是法兰克福(Frankfurt, 1971)反对自由意志 PAP 条件(多种可供取舍的选择的可能性，Principle of Alternative Possibilities, PAP)的观点和论证，为当代的新相容论进路奠定了基础。法兰克福反对自由意志"多种可供取舍的选择的可能性"（PAP）条件的观点和论证，最后走向自由意志道德责任的新相容论，费舍尔（Fischer，1998）的理由回应理论是对这一观点的继承发展。另一派新相容论，即倾向性相容论坚持 PAP 条件，认为 PAP 是自由意志的必要条件，他们根据自主体的倾向性的因果属性解释自由意志。新相容论的形成标志着相容论发展到第三个阶段，但他们的问题在于他们所讨论的相容性问题更多地偏向于自由意志和道德责任决定性的相容，偏向于伦理学的视角，未能合理地解决决定性规律中 PAP 如何可能的问题，相容性问题仍待进一步解决，这为心灵哲学视角的探讨开辟了一个窗口。奥康纳（O'Connor）（2015）是不相容论中自主体因果关系理论的代表，他认为自由意志作为高阶的突现属性赋予了自主体以"自动动他"的因果作用力。

第三，自由意志的发生学机制研究、本质问题研究、因果作用研究开始崭露头角。墨菲（Murphy）和布朗（Brown，2007）认可神经生物学将会对自由意志问题的解决有积极意义，但是他们反对神经生物学中的还原论，即物理有机体的能力是自由行动的原因，实质上，他们从神经科学的角度证伪了自由意志可还原的起源，同时也证明了自由意志是一种高阶的存在。沃尔特（Walter，2001）总结出康德所持有的自由意志的三个构成，并从"最简神经哲学"的视角批判性地得出了自由意志的核心构成是"自然自主性"，情绪是其中的一个部分。

第四，自由意志的作用问题与心理因果作用问题、心理现象的能动性问题息息相关。朱莉罗（Juarrero，1999）提出"复杂动力系统理论"，认为人类的大脑是一个自组织的、复杂的自适应系统，它可以用"语境敏感型限制物"对刺激进行编码，并通过即时修改低层次神经过程的概率分布为行为提供持续的控制和方向，由此，从科学的角度对自由意志进行自然化，并得出了自由意志具有下向因果作用力的结论。下向因果力的提出对后续自由意志的作用力问题探讨具有深远的影响。弗里特（Frith，2009）将"下向因果控制力"与"上向因果控制力"进行对比，肯定自由意志具有独立的下向因果力，且不受其各构成力量的影响。埃利斯（Ellis，2009）则更进一步,他区分了五种类型的下向因果力,并试图找到自由意志具有该作用力的依据,即通过自由意志的结构和根基来说明自由意志为什么具有下向的因果作用力,他认为自由意志更高层次上的复杂性取决于其"模块性"。由此可见,作用问题与结构、来源问题息息相关,它们的解决进路具有互补作用。

二、国内研究现状和述评

第一,针对意志怀疑论,国内也倾向于持否定态度,总体趋势是,在证伪的基础上重新建立自由意志的本体论范畴体系。贲益民(2016)通过哲学思想实验证明神经科学并不能否认自由意志的存在地位。柯文涌、陈丽(2021)认为康德式的认识论转向有助于发掘和改造广义副现象论的辩证性优点,即根据节俭论证、筛选论证和抽象论证等重新确立起赋予高阶属性或现象以因果作用的世界科学图景,通过这种兼容论的解释主义阐释自由意志的能动性将有可能从认识论的层面上得到拯救。

第二,心理因果性问题解释为自由意志这一具体心理样式的心理因果作用探讨打下了基础。钟磊(2017)认为要解决心灵因果排除问题就应当"否定上向因果性以及下向因果性",引发了上向因果性以及下向因果性是否存在的问题。高新民、束海波(2019)认为至少有一部分的心理样式能够发挥"原因"作用。张琪、王姝彦(2021)引入一种新的解决心理因果问题的思路,即斯蒂芬·亚布罗将决定关系视为一种特殊的属种关系,突破了过去随附与突现论的主流思想,对于自由意志的起源和产生问题不失为一种新的进路。高新民、张文龙(2019)从比较心灵哲学的视角出发,在对比马克思主义的意识反作用理论、中国心灵哲学中的心气不二论以及西方心灵哲学的科学哲学成果过程中,认为心理现象不是副现象,可以以动力因角色存在和发挥作用,在心性多样论的基础上具体探究得出了"心气相互作用论""结构-功能论""随附性理论"等心理动力学成果。这为自由意志这一心理样式的因果作用问题探讨开辟了新的视角。

第三，在自由意志的发生学问题上，王延光（2014）认为"意识突现论"有益于从现代物理科学和神经科学的角度进一步探究自由意志的产生和来源问题。陈晓平（2010）通过区分"整-部随附性"（即"全总随附性"）和强随附性、弱随附性，总结出自由意志作为心理性质是不可还原的，由此说明了自由意志全总随附性的来源。李夏冰、殷杰（2020）基于加扎尼加自由意志的突现思想，提出自由意志是大脑复杂系统通过自我组织的一种新特性的突现，通过借助脑结构和脑组织的动态分析以及复杂系统的突现来以一种新的路径阐释自由意志，对自由意志及相关理论的研究具有十分重要的意义。费多益（2015）认为自由意志的心灵根基是意识"改写无意识心灵预置行为的能力"。高新民（2020）从自我模块论切入，认为自由意志与意识、自我是不同的心理机制，虽然不确定它们是功能集合体还是具有不同功能的模块，但可以看到自由意志的模块结构，肯定了自由意志独立的存在地位。

第四，自由意志的概念问题和自由意志形而上学立场紧密联系。在哲学史上，尤其是西方哲学史上，自由意志的概念问题由来已久并且讨论很多。较有影响力的是亚里士多德和康德。亚里士多德认为自由意志是"人们做或不做的选择"，为心灵哲学和行动哲学的自由意志问题探讨奠定了基础。[①] 康德提出的自由意志概念主要包含三个构成要素，即"能做别的事情""意志的可理解形式"以及"行动的发起人（自主作用）"。现当代西方心灵哲学中，齐硕姆对自由意志的定义是建设性的，他认为人有自由意志意味着"终极原因"取决于行动者自己，可见，自由意志的概念问题已经不仅仅是基础性问题，它甚至直接牵扯自由意志的存在程度、本体论问题的解决进路，不同的概念或定义就可得出不同的答案，有的可以破解自由意志的本体论问题，有的解构了本体论问题，使其成为一个伪命题。田平（2007）将自由意志问题区分为"浅问题"和"深问题"，即"自由地意愿"和"自由的意愿"的问题，与之相应的是，在浅问题中，"自由意志"是指"行动自由"，但在"深问题"中，"自由意志"是指"意愿自由"。他认为"意愿

---

① 见 http：//plato. standford. edu/entries/freewill.

自由"的问题是自由意志真正的难题。徐向东(2008)以相容性问题为线索梳理了西方哲学中自由意志的形而上学理论。费多益(2010)认为，由于目前尚无任何科学理论可以用来解释自由意志的法则，但又不否定自由意志存在的话，我们便需要一个与现在心灵法则不同的新概念框架来重新理解心灵现象的因果关系。沈顺福(2014)在解读荀子心灵哲学思想的过程中提炼出，"荀子之心"包括"理智、欲望以及能够自由选择的意志"三个要素，自由意志是心的基本属性，肯定了这一概念对于解决当今中国道德危机的积极意义。刘清平(2017)从语义分析和事实描述的元价值学视角透视"自由""强制""必然"三者之间实然性和应然性的概念区别，并主张以此突破自由意志的相容性问题。这一视角就是以概念问题直接破解自由意志存在问题的有力证明。由此可见，自由意志的概念问题不仅是讨论自由意志问题的起点，是面对自由意志危机的起点，是进一步解决自由意志其他子问题的起点，还是解构甚至解决自由意志问题的根本。

三、总结

突现论是国内外讨论的热点和焦点，自由意志作为一种心理现象有被自然化的方法论趋势，一些具体科学如神经生物学为此提供了实然性的依据，在自然主义的进路中，自由意志有其独立的存在地位，但其本原仍然是物质，这有利于解决自由意志的"可理解性问题"，在此基础上，自由意志的概念、结构、根基以及作用等其他心灵哲学问题亟待讨论和解决。

概念问题的地位开始转变，变得越来越重要。起源、结构和根基问题是解决作用力问题的基础。本体论问题是核心，所有的问题都是对本体论问题的展开。作用力问题是解决本体论问题的核心，因为只有回答自由意志是否具有根本的、原因性的因果作用力，才能解决自由意志的存在程度问题。

总而言之，国内外相关研究一方面为自由意志的心灵哲学研究视角奠定了理论基础和基本框架；另一方面提出了值得进一步系统研究的主要的心灵哲学子问题是：自由意志的发生学、本质、因果作用如何？

第二章 自由意志危机

在西方哲学史上，自由意志问题早在中世纪就以上帝意志自由和人类自由意志的二重对立为范式，初步有了决定论和非决定论之分。后来，德国古典哲学的代表人物康德又提出了具有影响力的自由意志的道德决定论。自由意志问题由来已久，并且大多被置于宗教哲学、道德哲学和法哲学的视野下进行探讨，然而，在心灵哲学的视域下，自由意志被预设成具有一定存在地位的心理现象，伴随当代心灵哲学中的自然主义潮流，硬决定论与科学联盟①再一次造成了心灵哲学视野下的自由意志危机。李贝特认为，在行动的因果序列中，有意识的决定对行动发挥的因果作用远远迟于无意识的神经状态，基于此，心理学家魏格纳推论出关于"有意识的意志"的副现象论，提出了自由意志的幻觉论，认为自主体所经验到的自由意志只不过是一场幻觉，引发了新的自由意志危机。

第一节 "自由意志"的概念辨析

对"自由意志"内涵和外延的认知不同，对自由意志形而上学问题的解

---

① 这里指的是神经科学家李贝特和心理学家魏格纳论证认为人没有自由意志，自由意识只是人的一场幻觉。

答也将不同，为了避免在概念上做无谓的争论，笔者先对"自由意志"概念做一个简要的辨析。自由意志(free will 或 will of freedom)是指意志的自由，与"自由"概念不同，自由意志是人类自由的意志根基或心灵根基，其着眼点在于"意志"。对"意志"概念的不同理解形成不同的自由意志理论。传统的二元论认为，"意志"是纯精神实体，是第一性的存在。唯物论者认为，"意志"是源于物质世界的心理现象，而不是独立自存的实体。"自由意志"之名比起自由意志之实出现得更早。中世纪时，为了证明神学决定论下人的尊严，"自由意志"话题成为哲学家们讨论的一个焦点，他们认为"人有自由意志"意味着人能够自主选择、调控并决定自身的行动。实质上，早在古希腊时期，关于自由意志的探讨就已出现，例如，影响最为深远的是亚里士多德对自由意志的定义，他认为，自由意志是指人的行动"取决于我"，人有"既可以这样做也可以那样做"的能力。"取决于我"实质上说的是"发起者"的条件，不仅仅是说由自主体(行动者)自身引发了行动，还指行动者是该行动因果链之中的最终决定性因素。这对后世的自由意志探 讨影响十分深远，例如，李贝特和魏格纳所提出的自由意志危机论并不否认自主体引发了自身的行动，只是在最终的决定意义上人类没有自由意志。然而，该意义上的自由意志一旦被推翻，如果人不是自身自由行动的根源，人要么变成宿命的奴隶，要么与机器等同，人类的道德、法律和尊严将无处安置。

"自由意志"和"意识"密切相关，笔者认为，从内涵上说，"意识"与"自由意志"是包含与被包含的关系，并且自由意志是意识的外延概念。具体而言，在心灵哲学中，"意识"有及物和不及物之分，及物的意识有具体的意向内容，如"他意识到他错了"，不及物的意识如"她晕倒了没有意识"。根据布洛克对意识的划分，意识又可分为自我意识、注视性意识、路径意识(access consciousness)和现象意识(phenomenal consciousness)。"注视性意识"是指内在扫描的高阶思维，"路径意识"主要是与我们的理性思维活动和"数字化"信息的接受、处理、储存有关，它只涉及信息的流动、传递，不涉及对它们的生动体验。所谓"现象意识"是对生动呈现出来的主观的质的特征和经验的意识，常被称作有意识的经验。可以说，"自由意志"概念本身内在地包含这些内涵，最典型的表现就是"自主性现象学"的东山再起，自主性现象学包括了关于意志自由的第一人称视角下"感觉起来之所是的东西"，它在魏格纳的自由意志副现象论中表现为"有意识的意志"，在李贝特的意志怀疑论中又表现为"有意识的决定"，澄清这一概念的内涵是客观解读自由意志危机论的基础和根本，但这部分的主要目的在于简要澄清心灵哲学视野下独特的自由意志概念，说它独特是相对于其他视角下的自由意志概念而言的，在心灵哲学中，自由意志没有道德法律责任的前提预设，它主要关注自由意志这种心理现象本身的形而上学问题。

第二节　自由意志危机的开端

一、迟半秒实验

李贝特的研究主要是受科恩休伯（Kornhuber）和迪克（Deecke）的启发，他们发现在"自我调节的自愿行为"之前，头皮上有一个缓慢的电波变化，这种电波变化被称为准备电位（RP）。那么，受试者有意识的意志在行动中何时出现？为了回答这个问题，李贝特及其同事们设计了一种实验来测量准备电位（RP）、主观意志和行为之间的关系，该实验堪称"经典的迟半秒实验"。首先，设计一种精确到毫秒的时钟，即"示波器时钟"（oscilloscope clock），它和普通的时钟不同，光点（时针）每旋转一圈仅需要 2.56 秒，而不是 60 秒。为了最终计算出几十甚至几百毫秒的差异，"示波器时钟"比普通的钟走得更快，一秒只相当于正常的 43 毫秒。[①] 受试者坐在这个有快速移动点的时钟前，并被告知"只要他们感到有弯曲手臂的冲动或希望"就

---

① Libet B, Gleason C, Wright E, et al. Time of Conscious Intention to Act in Relation to Onset of Cerebral Activity[J]. Brain, 1983(106): 623-642.

可以随意地弯曲自己的手臂。随后，他们让受试者在实验过程中盯着表盘屏幕中心，在感到想要弯曲手臂的第一时间就在表盘相应的位置上标记 W（代表"意愿"），另外，他们还被要求用字母 M 记下自己所意识到的实际运动的时间。与此同时，绑在受试者头上的仪器也会以脑电图（EEG）的形式将数据显示出来，而脑电图上的准备电位（Readiness Potential，RP）则可以评估以及确定大脑的活动时机。

经过大约 40 次同样的实验后，李贝特发现，准备电位（RP1）在动作发生前约 550 毫秒波动，而行动的愿望发生在肌肉激活前的约 200 毫秒。也就是说，大脑神经活动在行动前约 500 毫秒就开始了，而受试者在 350 毫秒之后才意识到自己想要弯曲手臂，而这距离肌肉最终爆发约 200 毫秒左右。李贝特据此认识到有意识的意志过程是被无意识地开启的，这与过去人们对意志的认识恰好相反，在常识心理学或民间心理学中，"人们总是认为有意识的意图是在准备电位开始时或开始之前出现，并且命令大脑执行所意旨的行动"①。

从实验的结果来看，在行动者自由自愿的行动中，"我们之前的证据表明仅仅在相应的神经活动激活半秒之后，大脑才产生了做某事的意识"②，大脑神经关联物发挥作用约 500 毫秒之后才显示出行动者有意识的意志。也就是说，在我们意识到自己想要去做某个行动之前，相关的大脑神经关联物已经发挥作用了。李贝特的结论是，由大脑开启的一个自发的、自由的、自愿的行为可以在无意识的情况下开始，换言之，在任何、至少是可回忆起的主观意识出现之前，行动的"决定"已经在大脑中开启了。它限制了这样的可能，即自愿行动可以被有意识地启动和控制。这一结论对自由意志的存在构成了极大的威胁，对人的行动起决定

---

① Libet B. Do We Have a Free Will? [J]. Journal of Consciousness, 1999, 6(8-9): 47-57.

② Libet B. Neural Time Factors in Conscious and Unconscious Mental Function[M]. Hameroff S. (eds.). Toward a Science of Consciousness. Cambridge, MA: MIT Press, 1996: 156-171.

作用的将不是我们过去所经验到的有意识的意志，而是大脑的神经关联物。随之而来的问题是，既然有意识的意志不是"原动者"，那么行动者有意识的意志在行动上还有因果作用吗？如果有的话，它能起到什么作用呢？

二、有意识的决定的作用

自由意志的威胁让我们开始怀疑自身主观经验的可靠性，更让我们对责任和道德的标准产生怀疑。如果没有自由意志，我们将为何或者在何种程度上为自己的行动负责？最让人无法接受的是，没有自由意志，人类的尊严也无处安放。李贝特对此也有不同意见，后来他又设计了一个新的实验，基本的实验设置和规模与之前的实验相同，不同的是，在经典的实验设置中，受试者所有的行动都是自愿自由的，或者说是自发的任意的，没有外力的刺激，没有人提前计划指导受试主体何时去行动，但在新的实验中，实验者在实验过程中提前按照计划任意地在不同时间段对受试者的同一只手施以轻微的电流刺激，受试者的行动不再是自发自愿自觉的行动。同样地，受试者要记下每次感觉到电流、肌肉爆发的时间，并在表盘上用S标记。

实验结果得出，受试者对电流的主观感觉（S）发生在实际动作发生之前的50毫秒，准备电位（RP2）即非自愿行动中的大脑神经活动是在行动开始前的1000秒左右显示进行的。综合两个实验结果来看，受试者开启自身行动的序列是这样的，不论行动是否自愿，大脑神经活动都先于受试者实际行动的产生。根据RP1可知，自愿行动中大脑神经活动和实际活动之间的时间间隔更短，仅为500毫秒左右，第二种非自愿的刺激活动中，间隔的时间约为950毫秒，也就是说，显示相关大脑神经活动的准备电位（RP2）最先开始，即预先计划的电流刺激活动最先开始，在大约500毫秒之后，准备电位（RP1）显示，没有预先计划的自愿的大脑神经活动展开，约300毫秒之后，受试者想要移动手臂的主观意识才显示出来，这距离行动的正式开始约为 200 毫秒，如图 2-1 所示。①

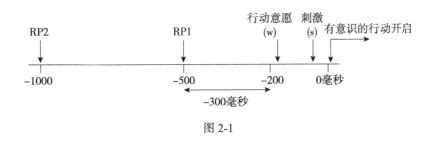

图 2-1

通过两者的对比可知，外力刺激导致的活动需要更长时间才能实现实际的行动，但仍旧不能推翻"大脑神经活动在前，主观意愿和实际行动在后"的结论，即不能推翻自由意志的威胁论。在新的实验设置中，关键在于对受试者"否决"能力的发现。正是因为受试者被微电流刺激，实验者可以提前计划行动，所以李贝特及其同事们得以记录发现，行动者可以否决自己的意志。② 具体而言，首先，有意识的意志有一种非常重要的功能，它可以阻止其自身的意志走向，甚至否决其意志内容，以至于最终的行动结果发生根本的变化。其次，这种功能的发挥需要时间的保证，最低下限为 50 毫秒，即在行动前的 50 毫秒，有意识的意志可以阻止或改变意志的内容和行动的结果，因为这是脑部神经激活脊柱神经需要的最短时间，如果少于这个时间，行动的结果将不受其意志功能的影响。那么人的否决能力究竟能否挽回自由意志的地位呢？关键在于否决作用究竟有无在前的无意识来源，有无与否决能力相关的神经关联物对其的决定性作用。

① Libet B. Conscious Subjective Experience vs. Unconscious Mental Functions［M］// Cotterill R M J. (eds.). Models of Brain Function. New York：Cambridge University Press，1989：68-79.

② Libet B, Gleason C A, Wright E W., Preparation- or Intention-to-Act, in Relation to Pre-Event Potentials Recorded at the Vertex［J］. Electroencephalograph and Clinical Neurophysiology，1983，56(4)：367-372.

三、有意识的否决作用有在前的无意识来源吗?

这个问题关乎行动的因果过程和自由意志的存在地位。李贝特认为,意识是自由意志不可缺少的一个构成要素,行动者要为其自身的行动负责,这就要求行动者有意识地去实施该行动,如若不然,道德责任的基础将会崩塌,因此让人们为自己无意识的行动负责任是说不过去的。通过自愿行动的实验,李贝特团队肯定了大脑神经关联物的决定论,因为有意识的意志不起根本的决定性作用,所以引发了自由意志危机。但是在施加了微电流刺激的实验中,有意识的意志被发现有"否决"的作用,那么这种作用是否同样有神经关联物在前对其发挥决定作用,或者说否决作用是否有无意识来源将影响自由意志最终的存在地位。①

在李贝特看来,意志否决的功能并不要求有在前的无意识过程。首先,他认为有意识的否决拥有一种控制功能,它不同于对行动愿望的意识。其次,从实证角度来看,还没有实证证据反对这样一种可能性,即在没有在前的无意识过程的情况下控制过程也能出现。另外,他对心身关系的认识是十分重要的一点,虽然实验结果表明大脑神经关联物先于有意识的意志出现,但他并不认同个例同一论,即特定的神经活动并不在逻辑上先于或决定有意识的控制功能。总的来说,行动者可以有意识地接受或拒绝大脑过程所做出的"决定"。

有意识的否决决定不要求有逻辑在前的无意识过程,这与先前的结论不是矛盾的吗?即有意识的意志在客观上有在前的无意识神经过程。需要进一步澄清的关键在于这个实验中的意识与意识的内容,即意向性的区别

---

① 威尔曼斯(Velmans)与李贝特的观点不同,他认为即使有无意识的东西导致否决意志发挥作用,也仍旧可以将这个因果过程视为有自由意志的过程,这主要是因为他与李贝特对于"自由意志"概念的理解不一样,威尔曼斯并不认为"意识"是自由意志的必要构成要素。有意识的意志在这里指传统二元论,或民间心理学所认为的"自由意志",有意识与无意识相对,在李贝特和魏格纳的作品中为 conscious will,指的是意志经验,这两位科学家通过否认"有意识的意志"的原因作用力和第一性的存在地位引出自由意志危机论。

和联系。诚然，有意识的否决决定意味着行动者意识到了这个事件，但是意识本身是不同于有意识的内容的，因为无意识的心理过程的内容和对该无意识心理过程的意识是相同的，但是要意识到相同的内容需多刺激400毫秒。① 所以，准确地说，对否决决定的意识要求有在前的无意识过程，但是该意识的内容，即实际上的否决决定并不要求如此。

从这两个实验和对实验结果的对比分析来看，首先，李贝特在道德责任的终极意义上预设了自由意志，即只有当人们有了自由意志，才能对自身的行动负责。其次，自由意志作为道德责任的基础，意识是其中的核心要素。这里的"意识"是"布洛克(Block)所说的内在扫描性的意识，是一种高阶思维"②，它不同于"现象学意识"，实质上，如果看到了"内在扫描性意识"和"现象学意识"的区别，就可以理解李贝特在这里对"意识"和"意向内容"的区分，也就不难理解为什么否决决定不需要在前无意识的大脑过程，但是一旦行动者意识到这一决定，就有相应的无意识的神经关联物在前发挥作用。当然，这一点与自主性现象学的认知地位密切相关，有关分析将在自主性现象学部分具体展开。就这里的分析而言，正是因为李贝特把"意识"看作自由意志的重要构成，所以从本体论的角度来看，李贝特通过分析有意识的决定在行动因果链中的逻辑和时间位置，认为"原动者"或"原因"意义上的有意识的决定是不存在的，由此提出民间心理学范畴内的自由意志不存在。他持副现象论的观点，认为自由意志只是大脑活动的副产品，其自身没有固有的因果力，它在人的行动中不能起根本的决定性作用，人的意志就像一个傀儡，受大脑神经的控制，这客观上为后来魏格纳的自由意志副现象论提供了基础。

在李贝特眼中，从整个行动的因果过程来看，尽管自由意志不是根本性的终极原因，但它的确对行动结果产生了促进作用。不可忽视的是，如

① Libet B, Pearl D, Morledge D, et al. Control of the Transition From Sensory Detection to Sensory Awareness in Man by the Duration of a Thalamic Stimulus [J]. Brain, 1991, 114(4): 1731-1757.

② 高新民，沈学君. 现代西方心灵哲学[M]. 武汉：华中师范大学出版社，2010：486.

果我们用民间心理学的术语将"有意识的意志"视作行动最终的信念和愿望，发现"否决"有意图、目的、计划等要素，这些在我们日常看来导致行动产生的决定性因素却没有经受住李贝特实验的客观检验，它颠覆了我们对行动产生的因果过程的认知。但是，同时，这些因素在李贝特看来既是产生行动结果的必不可少的构成，也是自由意志的结构性因素。

从自由意志问题的基本范式来看，由于李贝特否定自由意志的存在，认可决定论，所以我们可以说他是硬不相容论者，但是从他的主观意愿来看，他并不想走向简单机械的决定论，他不否认量子力学的科学成果，承认物理世界中有不确定性，所以，对于一对一的简单的因果函数关系他是不能接受的，然而作为一位神经科学家，基于其实验的结果，他仍旧坚持物理世界的因果闭合性原则，即一切事物都是物理的，"尽管事件在实践中是不可预测的，但是它们仍旧要遵循自然规则"①。

总的来说，李贝特认为"自由意志"就是人类借以为其行动负责的意志，意识（具体指的是布洛克所说的内在扫描性的意识）是必不可少的一个要素，它具有意向内容，也是终极意义上的、决定性的，只有当它没有其他来源时，我们才真正地拥有自由意志。但不管是从经典的实验，还是从否决实验的结果来看，只要有意识的构成要素，就一定有在前的相关的大脑神经关联物的作用。从该意义上来说，李贝特的这一系列实验构成了对自由意志的威胁，造成了自由意志危机。

第三节　魏格纳的自由意志副现象论

一、有意识的意志：经验和因果力

魏格纳认为"有意识的意志"有两种理解方式，"意志"既是一种经验，

①　Russell P. The Philosophy of Free Will：Essential Readings From the Contemporary Debates［M］. New York：Oxford University Press，2012：433.

也是一种因果力。我们通常会把有意识的意志①说成我们经验到的这样一种东西，即当我们做出一个行动时，不论这个行动是否我们想要做的，其中自愿的感觉或"有意"实施这个行动的感觉都表明有意识的意志的存在。然而，把有意识的意志说成一种心灵的力量也是很常见的，它是指我们的心灵和行动之间的因果联系。在常识心理学中，人们可能会假设，有意识地想要采取某个行动的经验和人有意识的想法所导致的行动的因果关系是同一件事。然而，事实证明，它们是完全不同的，而混淆它们的倾向正是魏格纳论述的自由意志幻觉的根源。他首先将意志视为一种经验进行探讨，然后再从因果力的角度来考察这种意志。

关于"有意识的意志"的经验，魏格纳认为有两种不同的解释角度：第一种是民间心理学(FP)的视野，人们通常从直觉出发，深刻地感觉到我们有意识地做我们正在做的事情，我们的自愿行动里有我们的意志，是"我们自己导致了自身的行动"。但是魏格纳怀疑直觉的可靠性，将眼光投向第三人称的科学视角，认为人们有意识的意志经验对人十分重要，要经过科学的检验来探索经验背后的机制，要检查和理解是什么创造了意志体验，又是什么让它消失。通过将第一人称视角的直觉和第三人称视角的机制匹配，发现"有意识的意志"仅仅是一种幻觉，"有意识地想要做某件事的经验并不一定表明有意识的想法导致了这个行动"。②

魏格纳认为"意志"是一种"行动的感觉"(a feeling of doing)，他考察"行动的感觉"如何随着行动、自愿行动本身而变化，总结出四种可能的图景。前两种图景是可以预测的，它们一起出现或者一起消失。当我自愿行动时，我在事实上经验到自己想要进行行动。当我没有这样的行动时，我相应地就没有关于想要的经验了，这两种图景是人们的直觉所在，也符合民间心理学的理解。但是，魏格纳质疑这种感觉的可靠性，看到了剩下的

①　"有意识的意志"这一概念贯穿于魏格纳自由意志副现象论的始终，是其概念基础和出发点。

②　Wegner D M. The Illusion of Conscious Will[M]. Cambridge：MIT Press, 2002：2.

两种特殊的图景，一种是没有意志只有行动，另一种是没有行动只有意志，他整理了许多数据表明这两种图景中有许多异常案例，通过这些异常案例，魏格纳得出结论认为，即使在正常情况下，经验到的意志（willing）不一定在事实上导致自愿行动的产生。主观的"行动的感觉"和客观存在的自愿行动不能完全对等，甚至像油和水那样有分层现象、截然不同。有"行动的感觉"不一定有实际上的自愿行动，实施了自愿行动也并不一定能够被感觉到。

魏格纳首先引入的异常图景就是自动主义（automatism），即有自愿行动但没有"意志"的情况，在自愿行动中并没有伴随任何某人正在行动的感觉。进一步细分，行动又可分为个人行动和团体行动。"异手综合征"便是个人行动中的自动主义例子，一个有"异手综合征"的人在行动中尽管可以带有复杂的目的，但是仍旧感觉不到自己正在行动，例如，他可以自动书写甚至随意乱写，但是他会感觉到自己的手会不受控制地摆动。另一个更有说服力或者更经典的例子就是催眠，魏格纳认为在非强制性催眠的情况下，"最显著的一种效果就是感觉你的行为发生在你身上，而实际上并不是你在做这些行为"①。催眠师叫听众把胳膊放在两侧自然下垂，听众跟随催眠师的指令会感觉到手臂越来越沉，但是这种感觉不是主动移动手臂的感觉，而只是感觉到这是发生在他们身上的事情，这表明"意志经验可以在自愿行为中被操纵"。在非强制性催眠的情况下，听众非常清楚即将发生的行为。与其说"降低手臂"是他的意图（我想……），倒不如说是他的期望（我会……），因为期望和意图在该行动中发生的时间点一致，所以我们容易将其误认为是听众的意图或者说是其自身意志到的经验。在催眠状态下，即使知道要做某个动作，也缺乏有意识的意志。如果没有意志的经验，即使有对行动的预先认识，似乎也不足以把行动归入"有意识的意志"范畴。如果感觉不到是你做的，那就不是意志在起作用了。因此，意识的催眠提供了一个缺乏意志经验的例子，这甚至比"异手综合征"更令人

① Wegner D M. The Illusion of Conscious Will[M]. Cambridge：MIT Press，2002：6.

困惑。

　　缺乏意志经验的团体案例发生在"桌子转动"中，一群人围坐在一张桌子周围，将他们的手都放在桌子上，耐心等待一会儿发现，桌子会在一段时间后开始移动，甚至开始快速旋转，以至于参与者几乎无法跟上。卡朋特(Carpenter)观察到，"所有这一切完成了，参与者不但丝毫没有意识到他们正在行使自己的力量，而且大部分人完全确信他们并没有这样做"。①这个实验吸引了化学家和物理学家迈克尔·法拉第(Faraday)的注意，他接着测试桌子运动的来源，他把测力装置放在参与者的手和桌子之间，发现运动的来源是他们的手，而不是桌子。显然，从两种截然不同的结果对比可以看到，之所以唯灵论者将桌子运动归因于精神，是因为他们采用了参与者不可靠的第一人称视角，即参与者没有经验到自己正在移动桌子，在这样一种前提下才将原因归为神秘的东西，所以，参与者没有足够的意志经验来认识自己自愿行动的来源。

　　魏格纳进而用另一种特殊的图景来论证意志控制的幻觉(即魏格纳认为自由意志不存在，它只是人们的一场幻觉)，即有行动的感觉但实际上并没有相对应发生的实际的自愿行动。他以自己的亲身经历举例，有一次他和家人在玩具店购物，趁闲暇他来到店内一个视频游戏显示器前，开始摆弄操纵杆。因为屏幕上有木桶滚向一只小猴子，小猴子急切地跳过木桶，所以他用操作杆帮忙把小猴子推过去，让它跳起来以避开木桶的滚压，直到"开始游戏"这个短语出现，他才意识到之前只是游戏的演示版本，哪怕没有他的操作，小猴子也会自动躲避木桶。他的主观感觉认为自己早就开始玩游戏了，但实际上只是徒劳无功的摆弄，这启发了他对"控制幻觉"的思考，行动者即使感觉到自己在做自愿行动，也不一定实际上真的做了该行动。"行动的感觉"和实际自愿行动的不对称证伪了人的意志经验的可靠性。

①　Carpenter W B. Principles of Mental Physiology, with Their Applications to the Training and Discipline of the Mind and the Study of Its Morbid Conditions[M]. New York：Appleton, 1888：292-293.

意志不仅是一种经验，也是一种力。正因为如此，人们很容易将对意志的有意识体验误认为是对意志力量的直接感知。在将意志作为力的层面上，魏格纳认为民间心理学的理解是一种内在主义、功能主义的阐释，即将意志视为人身上固有的本质的一种"属性"，就像过去对心灵的经典划分一样，詹姆斯提出心灵的功能包括认知、情感和意志，意志是心灵本身所具有的一种重要功能。魏格纳固然是不认同这种观点的，他说："在这种传统的思维方式中，意志是一种第一阶的解释性实体。换句话说，它解释了很多东西，但没有东西能解释它。"①将意志视作一种内在的力量而不去加以探究其本身，不接受科学的检验，无异于说上帝导致了行动的产生，因为两者都未能客观地呈现意志如何导致行动的产生，两者都具有神秘性。

在这一点上，魏格纳与休谟倒是心有灵犀，休谟在《人性论》中指出，在物理事件中建立因果关系的"恒常结合"和"心灵的推论"，也必然会在"心灵的行动"中产生因果关系。他说，"有些人断言……我们感觉到一种能量，或力量，在我们自己的头脑……但是为了使我们相信这个推理是多么的荒谬，我们只需要考虑……在这里，意志被认为是一种原因，它与它的后果之间的联系，就像任何物质原因与它的后果之间的联系一样，是无法发现的……简而言之，精神的活动在这方面与物质的活动是相同的。我们只看到它们不断地结合，但我们却不能超越它去思考。没有任何内在印象比外在物体具有更明显的能量"②。于是休谟意识到，将意志称为一个人意识中的一种力量必然会超越我们所能看到的，因此应该被理解为一种归因或推理，意志作为力只不过是人对心灵和心灵因果作用的一种主观的推论。

话说回来，魏格纳借用休谟对因果关系的怀疑并不是为了将意志力排除出在哲学论坛之外，其用意是要谨慎地、客观地对意志力的因果过程进

---

① Wegner D M. The Illusion of Conscious Will[M]. Cambridge：MIT Press, 2002：12.
② 休谟. 人性论[M]. 关文运，译. 北京：商务印书馆，2016：433-472.

行推理，说明人们对于意志力的解读并不是其本身的样子。为了达到这一目的，魏格纳区分了"经验意志"和"现象意志"，"经验意志"是通过对人行为的共变进行科学分析而建立的关于人的有意识思想的因果关系，"现象意志"是人自身所报告的意志经验。两者的区分旨在匹配两者的"耦合"程度，并通过评估的因果作用挖掘其他行动可能的原因。"现象意志"仅仅是人的一种感觉，它与实际发生的事情不可同量。这一点在把意志作为感觉的层面上已经深入分析过，错觉的疼痛仍然是疼痛，但它并不一定表明它所指示的部位受到了损害。同样，尽管从表面上看，有意识的意志可能是行为的原因，但从实证的角度来看却并不一定是真正的原因。"经验意志"代表了心灵和行动之间的实际关系，它是科学心理学的一个中心主题。在心理学中，只要观察到人们的思想、信念、意图、计划或其他有意识的心理状态与随后的行动之间存在因果关系，就可以发现经验意志的明确迹象。相比之下，"现象意志"并不能反映这种科学上可验证的意志力。它是一个心理系统的结果，通过这个系统，我们每个人每时每刻都在评估我们的意志在我们的行动中所扮演的角色。魏格纳做了一个比喻，"如果经验意志是汽车引擎对速度的因果影响，换句话说，现象意志最好被理解为速度表的读数。正如我们许多人试图向警察解释的那样，速度表读数可能会出错"①。

二、"有意识的意志"的位置和时间

有意识的意志不管作为一种经验感觉，还是作为对因果力的认知，与其本身的实际情况都无法成功耦合。魏格纳为了溯清其本身的面貌，对"有意识的意志"进行了自然主义的解剖，如果发现意志的经验所对应的大脑区域和自愿行动的大脑机制不一样，就能有力地说明自由意志和自愿行动不是一回事。结果发现，有意识的意志的产生过程与心灵导致行动的过

---

① Wegner D M. The Illusion of Conscious Will[M]. Cambridge：MIT Press，2002：15.

程不同，意志的感觉没有客观准确地反映行动的真正原因。首先，魏格纳意在探究"有意识的意志"究竟在大脑的哪个位置。他采用了神经外科医生怀尔德·彭菲尔德（Wilder Penfield）所做的著名的"开颅"研究。彭菲尔德通过电刺激患者的皮质运动区，绘制了大脑表面的各种感觉和运动结构。实验是在受试者意识清醒的情况下进行的，受试者普遍反馈认为电刺激后手移动的行动是彭菲尔德导致的，而且受试者可以用另一只手抑制这一行动。所以，刺激似乎没有产生任何有意识的意志的经验，而只是促使自愿行动的出现。另一位大脑刺激研究人员德尔加多（José Delgado）在其实验中发现运动伴随一种"行动的感觉"，似乎大脑中确实有一个部位在受到电刺激时产生有意识的意志行动。然而，并发症的发现使得我们无法分辨这种有意识的意志究竟是否受试者的虚构，以致无法精确地揭示有意识的意志所在的大脑区域。虽然并没有实现魏格纳的初衷，没有弄清"有意识的意志"所对应的区域在哪里，但德尔加多和彭菲尔德的实验都表明，提供意志经验的大脑结构与行动的大脑来源是分开的。无论有没有有意识意志的经验，似乎都可以通过大脑刺激产生自愿的行动。它暗示这样的可能性，即有意识的意志是一种附加的东西，一种有自己起源和结果的经验。意志经验可能与产生行为的过程没有紧密联系，因为任何产生意志经验的东西都只是与产生行为的机制松散地结合在一起。

这一点在另一个大脑刺激实验中得到了很好的证明，在这项实验中，布莱西雷多（Brasil-Neto）①等人只是简单地把磁铁放在人的头上，他们让参与者的大脑运动区域接受高强度的磁刺激，很短的时间就发现参与者的大脑功能受到了影响。根据参与者的报告，虽然刺激导致参与者有一个明显的偏好，即把对侧手指移到受刺激的地方，但是他们仍旧认为他们是自愿地选择哪一根手指在移动。这项研究没有详细说明如何评估自愿性经验，

_____

① 具体来说，在这个实验中，一个刺激磁铁悬浮在参与者的头上，并以随机交替的方式瞄准大脑两侧的运动区域。然后，参与者被要求在听到"咔嗒"声时（电门打开磁铁的咔嗒声）移动手指。每次进行实验时，参与者被要求自由选择是移动右手食指还是左手食指，然后在他们做出反应时，移动磁铁。

但它暗示了意志经验是独立于影响行动的实际因果力量的。总结来看，通过科学实验我们仍旧不清楚意志对应的大脑位置，甚至意志是否对应某一个区域都是不能确定的，从心身关系的本体论角度来看，个例同一论继李贝特之后再次遭到了魏格纳的怀疑。他认可丹尼特等人的类型同一论，即"这种意志的一般功能可能位于大脑的许多位置或依附于其他功能"①。但是通过对位置问题的探索，魏格纳至少向我们说明了意志的主观经验所对应的大脑活动与实际行动的大脑活动是两套不同的体系，我们对自由意志的认知只不过是一场幻觉，即自由意志只是物质世界的副现象。

借助科学发现探索意志在大脑中的位置之后，魏格纳又转向关注意志经验在行动中发生的时间问题。行动和心灵的关系与时间逻辑息息相关，因为谁先发生，谁就有可能是行动最终的决定性力量。这个问题指向的就是李贝特的实验，"有意识的意志"即指人在行动中对自己行动意图的感觉经验。李贝特发现，准备电位的稳步增长活动发生在自主体经验到的关于移动的意志之前约 550 毫秒，由此得出结论认为人的大脑神经活动在先，有意识的意志经验在后，基于此，魏格纳进一步提出，有意识的意志在解释因果过程时是存在的，意志的经验可以表明心灵在导致行动，但由于它是我们的心灵所构造出来的主观的运作方式，而不是实际的运作，因此它只能是行动的预览，不具有确定性。他说：

> 有意识地控制我们行动的感觉并不能说明意志力。相反，它是心理系统的结果，因为有该心理系统，所以我们每个人都认为我们的心灵在行动中时时刻刻都发挥着作用，我们不可能知道、更别说记录对我们行动的大量的机械性的影响。因为我们拥有一种不同寻常的复杂机器，所以我们相信并记录了关于我们有意识的思想的因果效能。我们相信我们自身因果自主体的戏法。②

---

① Dennett D C, Kinsbourne M. Time and the Observer: The Where and When of Consciousness in the Brain[J]. Behavioral and Brain Sciences, 1992, 15(2): 183-247.

② Wegner D M. The Illusion of Conscious Will[M]. Cambridge: MIT Press, 2002: 27.

魏格纳提出意志经验的作用过程与实际的大脑操作行动的过程是独立开来的，发起自愿行动的不是"有意识的意志"，而是无意识的物理过程。基于"谁在时间上在先"的问题，魏格纳在李贝特神经科学实验的基础上再次证实了自由意志的经验与物理世界的意志力不同。

三、显明因果关系理论：幻觉的来历

魏格纳认为，意志经验所经历的心理过程和人们在感知因果关系时的心理过程是相同的。因为人们对思想和行动之间的联系做了不符合实际的夸大的感知，所以人们才会产生有意识意志的幻觉。由此，魏格纳借助显明心理因果理论来说明"幻觉论"，是指当人们把自己的想法解释为行为的原因时，他们体验到了有意识的意志。[①] 这意味着人们关于有意识的意志的经验完全独立于实际上的思想和行动之间的因果联系。具体而言，这种虚幻的关于意志的经验或感觉是如何产生的呢？或者说人们是如何感知自身行动的因果关系的？

魏格纳认为，我们感知到的行动的因果关系与我们对自我的关注是相关的。在杜瓦尔(Duval)和威克兰德(Wicklund)做的一个实验中，实验对象被要求做这样的场景假设，"想象自己正冲过一个狭窄的酒店走廊，撞上了一个正在从房间里退出来的女管家"，接着判断谁应当对这些事件负责，结果发现只要他们是有意识的，或者说有自我意识的情况下，他们往往会把自己归为行动的原因。这种将自我视为原因的倾向是显明因果关系的基础，这个显明的因果过程不仅是对自我和行为之间的因果联系的知觉，还是对自己的思想和行为之间的因果联系的知觉。我们倾向于认为自己是行为的根源，这主要是因为我们提前在适当的时间间隔地经验到了与该行动相关的想法，并推断出我们自己的心理过程已经启动了该行为。反

---

① Wegner D M, Wheatley T. Apparent Mental Causation: Sources of the Experience of Will[J]. American Psychologist, 1999(54): 480-491.

过来说，我们实际上实施了某行为，但是该行为却没有被我们的思想所经验到，这也会显得该行动不是由我们的思想引起的。换言之，关于意志的经验并没有直接反映出导致大脑内部行动的心理力量。相反，关于意志的经验阐释了这样一种显明联系，即与行动相关的有意识的思想和行动本质之间存在显明的联系。简言之，关于意志的经验是自我感知到的显明因果关系的结果。

显明因果关系理论的意义就在于，它让我们认识到不仅仅是思想到行动的因果路径，还有所有事物的因果关系都有一种基本的不确定性。尽管我们十分确信 A 导致了 B，但是不排除有变量 C 的介入，它可能同时导致了 A 和 B。杰克逊(Jackson)说："无论 B 和 A 在时间顺序上有多靠近，也无论两者的因果关系看起来有多明显，A 导致 B 的假设都可以被这样的理论所推翻，即 A 和 B 是一个共同的潜在因果过程的不同结果。"[①]例如，虽然白天总是在黑夜之前，但说白天导致黑夜是错误的，因为我们可以肯定的是，这两者都是在太阳存在的情况下由地球自转造成的。因果推理的不确定性意味着，无论我们多么确信我们的思想导致了我们的行动，仍然有一个事实是，思想和行动都可能是由其他未被观察到的东西引起的。因此，在行动的经验中，没有任何东西能够真正保证它在实际上是因果有效的。进而我们可以推论，显明的心理因果关系理论也暗示了这样一个观点，即意识根本不知道有意识的心理过程是如何运作的。

在显明心理因果关系的基础上，魏格纳总结了一种心理系统模型(如图 2-2)，它揭示了关于有意识的意志的经验是如何产生的。在这个系统模型中，无意识的心理过程产生了关于行为的有意识思考，如意图、信念，而其他无意识的心理过程产生了自愿的行为。这些潜在的无意识系统之间可能存在联系，也可能没有，但这与感知到的有意识的思维到行动的显明路径无关。正是因为对显明路径的知觉才产生了关于意志的经验，即是

---

① Jackson F. Epiphenomenal Qualia[M]//Clark A, Toribio J. (eds.). Consciousness and Emotion in Cognitive Science. New York: Garland, 1998: 203.

说，当我们认为我们有意识的意图导致了我们所感觉到的自己正在做的自愿行动时，我们感觉到了一种关于意志的感觉，我们认为我们所做的这件事包含了意向内容。通过显明因果关系，魏格纳解释了有意识的意志是如何被人们虚幻地经验到的以及幻觉产生的过程。

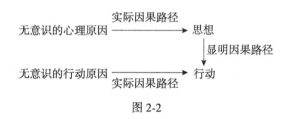

图 2-2

第四节　自由意志怀疑论和硬决定论

斯宾诺莎曾说，人们常常只认识到自己的行动，却忽略了他们的行动原因早已被决定好。即是说，人们之所以认为自己的行动是自由的，是因为他们只意识到自己的行动，却忽略了他们早已被决定好的原因。① 在心灵里面没有绝对的自由的意志，心理原因早就由某一个原因决定好想要做这个或者想要做那个，而这个原因也有在前的另外一个决定原因。在前的原因之前，又有另外一个在前的原因，无限循环。这就是硬决定论，硬决定论只承认决定论，自由意志毫无存在地位。或者说，由于一切都由在前的因果规律决定好了，所以我们根本就没有自由意志。由于无限倒退的困境，斯宾诺莎最终走向了上帝决定论，所有的事物都已经被拥有"无限权力"的上帝决定好了，而不是由我们的自由意志所决定的。后来量子力学发现了偶然性或不确定性，它推翻了决定论的绝对真理地位，对过去基于决定论的自由意志怀疑论者提出了挑战，有这样一派哲学家将决定性问题

① Spinoza B. Ethics [M]//Curley E. (eds. and trans.). The Collected Works of Spinoza. Princeton：Princeton University Press，1985：143.

的真理性搁置起来并怀疑自由意志的存在地位，即是说，不管决定论或非决定论是否正确，它们都不能说明自由意志存在，故而形成了新的自由意志怀疑论，其中最有名的代表人物莫过于加伦·斯特劳森（Galen Strawson）和彼乐布姆（Pereboom）。他们在李贝特和魏格纳的基础上对自由意志危机进一步讨论。

一、斯特劳森的怀疑论

加伦·斯特劳森①认为要回答我们是否自由的自主体，是否拥有自由意志这样的问题，就要看我们如何定义"自由"和"自由意志"，他预设一种存在程度较高的自由意志，"我认为的'自由'意志是一般意义上程度强烈的自由意志。根据这一观点，作为自由的自主体能够真正对自身的行动负责"②。要"真正"为自身行动负责，意味着自主体是其行动的发起者和原动者。自由意志是在道德自主体层面上的，有自由意志就意味着我们有能力对自己的行为真正负责，即有能力为自己的行为真正受到赞扬和责备。如果不是道德自主体，他们就不应该受到相应的赞扬或谴责。斯特劳森将这种道德责任称为"应得"（desert），他根据"应得"定义自由意志，反过来又根据自由意志定义"应得"，当且仅当自主体可以自由选择或自由行动时才可以说他应得相应的赞扬或责备，斯特劳森认为自由意志和"应得"是同义词。

基于道德责任"应得"的自由意志概念，斯特劳森继承了他父亲彼得·斯特劳森（Peter F. Strawson）的传统，对我们关于赞扬、责备和惩罚的态度和感受感兴趣。老斯特劳森持相容论的立场，认为决定论并不会消解道德责任，是自由意志的"乐观主义者"。然而，斯特劳森却是"悲观主义者"，持硬决定论，不论行动的因果决定论是否成立，只要自由意志要求我们是

---

①　加伦·斯特劳森即是小斯特劳森。

②　Strawson G. Freedom and Belief[M]. Oxford：Clarendon Press，1986.

自身自由行动的最终发起者，这种自由意志就是不存在的。具体而言，他提出了一种反对自由意志的标准观点（即自由意志怀疑论的典型观点），认为自由意志既不与决定论相容，也不与非决定论相容。

在包含真正的道德责任的意义上，我们绝对不是自由的自主体，如果决定论是对的，我们和我们的行动最终完全取决于"在我们存在之前的原因"。如果决定论是错误的，我们也绝不是自由的，因为我们和我们的行动最终都是几率或任意性的结果。①

盖伦·斯特劳森是新自由意志怀疑论者的典型代表之一，其特点是不仅否定决定论条件下的自由意志，还迎接量子力学的挑战，并将量子力学的不确定性理解为概率和运气，不确定性或许可以解释我们为什么有"多种可供取舍的选择"，但是鉴于信念愿望和随后的行动是随机产生的，它也并不能说明行动是由自主体所控制和决定的。斯特劳森认识到，借由量子力学的不确定性说明自由意志错就错在没有认清不确定性在决定和行动过程中的位置和作用。在这一点上，斯特劳森主要是针对自由意志主义者的，自由意志主义者认为不确定性在自由行动的产生过程中发挥了积极的作用，它影响了自主体行动的理由和相关心理状态，塑造了自主体本身的面貌。斯特劳森则认为这种观点充其量只是一种直觉，为了迎合人类不愿被控制的想法，想当然地将积极作用归到不确定性身上，信念和愿望是由不确定性导致的这样的说法依然站不住脚，由此斯特劳森怀疑不确定性在行动中的积极作用。

决定论否定了自由意志，非决定论也未必能说明自由意志，斯特劳森进而提出基本论证（basic argument），其主要内容是：

（1）根本不存在自因。（2）为了真正对自己的行动负道德责任，自主体必须是自身或自身心理状态的原因。（3）没有自主体能真正承担道德责任。自由意志所要求的那种最终意义上的责任是不可能满足的。我们不可能在

---

① Strawson G. Freedom and Belief[M]. Oxford: Clarendon Press, 1986: 25.

最终发起者的意义上对行动负有道德责任。[1]

具体而言，自主体在最终意义上为其行动负责意味着自主体必须为他行动的方式负责，至少在导致行动产生的心理方面负最终意义上的责任。如果这种推理成立，就会产生一个循环倒退，心理原因的背后又有其他的心理原因，但是又不存在自因，自主体作为有限的存在，不可能在所有层面上满足所有的条件，自主体不可能在最终意义上对自身的行动负责。

在基本论证的基础之上，为了进一步说明最终意义上的自由意志不可能，斯特劳森又进一步解释说，要说明自主体在最终意义上为其行动负责任，就必须根据自主体行动的理由对行动有一个完整的因果解释。更准确地说，这种行动必须是理性的行动，要求根据自主体的理由来解释，这些理由可以表明关于自主体的一切，它们在因果上导致自主体所执行的行动的产生。[2] 这些理由如何产生呢？如果它是由非理性的过程产生，行动就是任意的，如果是由理性的过程所产生，在理性基础上所产生的理由背后必然有进一步的理由，如此无限循环往复。由于不存在理由产生的无限循环，所以行动是任意的，是所谓的"理性上的任意"，可以推论出没有最终责任意义上的自由意志。

同样地，作为新怀疑论者，乐维将决定论问题悬置起来，自由意志是否存在的问题不依赖于决定论的真相。他把量子力学中的不确定性理解为运气，借助运气说明自主体缺乏对自身行动的直接控制，乐维认为，自由意志主义和相容论中的自由行动不能排除几率性的运气因素，尽管自由意志主义以自主体作为行动原因，从自主体因果力的层面说明自由意志，但是仍旧不足以说明自主体为什么要这样做而不是那样做，不足以说明自主体的控制力，由此，运气得以喘息，即使是微弱的运气存在，也不可说自由意志存在，因为只要运气存在，自主体的选择就不是自主的。[3]

①　Watson G. Free Will[M]. 2nd ed. New York：Oxford University Press, 2003：212.

②　Strawson G. Freedom and Belief[M]. Oxford：Clarendon Press, 1986：52-56.

③　Levy N. Hard luck：How Luck Undermines Free Will and Moral Responsibility[M]. Oxford：Oxford University Press, 2011：63-76.

二、硬不相容论

彼乐布姆认为斯特劳森给自由意志设定的理性标准太过于严苛。自主体在做决定时难免会在各种选择中权衡，例如，自主体会比较符合道德要求的选择和符合自身愿望的选择，在斯特劳森看来，选择并不是完全由自主体理由导致的，自主体没有自由意志。但是，自主体既可以选择只符合道德的，也可以选择仅与自身愿望相符的，还可以经过权衡选择一个既符合自身愿望也不违背道德原则的选项，从这个意义上说，只要自主体的选择有部分原因出自自身，他就有自由意志。

彼乐布姆从反对自由意志的标准观点出发，在标准论证中，相容论因为决定论没有提供道德责任所需的那种自由意志而受到责难，自由意志主义因为其非决定论的不确定性也不能提供符合物理学理论的自由意志，同样也不可信。因此，我们并没有道德责任所要求的那种自由。

彼乐布姆在决定论问题上的立场是不明确的，但是可以确定的是，不论是决定论还是非决定论，都没有提供道德责任所需的那种控制。这是反对自由意志标准论证的结论，在承接标准论证的基础上，他的观点通常被称为"硬不相容论"，彼乐布姆说：

> 我所主张的是与硬决定论密切相关的立场。然而，"硬决定论"一词并不能恰当地表明我的观点，因为我认为决定论并不对。按照我的理解，量子力学的不确定性解释或者确定性解释是否正确仍旧是一个开放的问题。无论如何，我认为不但是决定论与道德责任不相容，而且由量子力学的标准解释所规定的那种不确定性与道德责任也不相容，当然前提是那是唯一存在的一种不确定性。①

---

① Pereboom D. Living Without Free Will[M]. Cambridge：Cambridge University Press，2011：xviii.

进一步而言，他认为"自由意志主义中的事件因果关系和相容主义所提供的与责任相关的那种控制是同样多的"。这两种控制，即非决定性和决定性条件下的控制都不足以承担责任。在面临错综复杂的自由意志理论时，他通过对比分析其他理论进一步阐释了自己的观点。具体而言，由于用"硬"和"软"对决定论的立场进行分类掩盖了一些重要的区别，因此人们可能会设计出一个更精细的方案。实际上，在硬决定论和软决定论的概念空间中，存在一系列不同的观点。最柔软的软决定论认为，我们拥有道德责任所需的自由，拥有与决定论兼容的自由，这种自由包含能那样做的能力，而不是实际上去那样做。即使决定论是真的，自主体也需为其错误行为受罚。硬决定论的最强硬版本声称，既然决定论是真实的，我们就缺乏承担道德责任的自由。因此，我们不但不应该受到指责，而且没有道德原则或价值适用于我们。然而，硬决定论和软决定论都包含了一些不那么极端的观点。彼乐布姆要捍卫的观点比硬决定论中最强硬的观点要温和一些，在这方面，它与泰德·洪都里奇（Ted Honderich）最近提出的立场有某些方面类似，既然决定论是真实的，我们就缺乏承担道德责任所需要的自由。但是，虽然我们不应该因为做了错误的事情而受到责备，但是大多数的道德原则和价值观并没有因此受到损害。①

类似于标准论证，彼乐布姆针对每一种支持自由意志的标准观点进行了反驳。其一，自由意志主义是错误的，因为其事件的发展不符合物理理论的预测。其二，软决定论是错误的，既然行动已经超出了自主体自身的控制范围，他就不应为其行动负责。其三，最硬的硬决定论是错的，诚然自主体不应背负道德责任，但是我们不能没有道德生活而过活，我们需要良好的人际关系和社会秩序。彼乐布姆认为，硬决定论可能是最吸引人的，它值得更认真地考虑。尽管它破坏了我们的反应性态度，但仍旧要求我们去做正确的事情。

彼乐布姆发展了一个著名的论点来为他的强硬不相容主义观点辩护，

---

① Pereboom D. Free Will［M］. Indianapolis：Hackett，1997：242.

这是一个操纵论点(Manipulation Argument)的变体。它包含四个例子，在案例 1 中，邪恶的神经科学家们制造了一个在大脑中装有遥控装置的人形机器人，并使其能够谋杀他人。在案例 2 中，他们用一台电脑创造了一个人形机器人，并给它编了程序，让它成为杀人犯。在案例 3 中，一个真正的人会受到严格行为改变的制约而成为杀人犯。在案例 4 中，凶手是一个正常的人，他生长在一个物理决定论成立的世界里，所以成为一个凶手是理性思考的最终结果。在前三个案例中，自主体并不为自身的行动负责，第四个案例是我们通常引发争议的情形，彼乐布姆认为，在案例 4 中，自主体也不用负责，因为自主体行动的最终原因可以追溯到他无法控制的事件，彼乐布姆称之为因果历史原则。四例论证增强了这样的直觉，即自主体不能控制自身的行动，在一定程度上加强了其硬不相容论的观点，但由于操纵者只是假设的和不真实的，似乎不太可能说服已经接受因果决定论的相容论者，因为他们知道如何在真正的操纵案例中或者其他的自主体案例中原谅道德责任。①

彼乐布姆将人们对那些有意做出不道德行为的怨恨和愤慨称为道德愤怒(moral anger)，道德愤怒往往是持续和放大的信念，它的对象是不道德行为的道德责任。当然，并非所有的愤怒都是道德上的愤怒，之所以是有意，是因为有一种非道德愤怒，即行动者因为能力不够而不被尊重。道德愤怒可以说是我们日常生活中潜移默化的直觉，它通常是没有理由的，是人们意识不到的，但是彼乐布姆确实认识到了人们通常会基于自身的价值观对行动做出道德与否的评价，"道德愤怒是我们通常所认为的道德生活的重要组成部分"。

这种直觉与彼乐布姆得到的硬不相容论的结论是相互冲突的。根据硬不相容论，我们不应为任何罪行而负责，哪怕是滔天罪行。因为从源头上看我们就不拥有对自身行动的自由意志，但道德责任必须找到源头为其担

---

① 相容论者认为决定论条件下自由意志也可存在，在这个意义上人必须为自身的行动负责。

责。然而，道德愤怒有利也有弊。它激励我们抵制虐待、歧视和压迫。但与此同时，它往往也会产生有害的影响，因为它既不能促进被愤怒者的福祉，也不能促进愤怒者的福祉。通常，它的表达只会引起人们情绪或身体上的痛苦。因此，它大概率会破坏人际关系，扰乱社会秩序。在极端情况下，它会促使人们使用酷刑甚至杀人。

在坚持硬不相容论的基础之上，彼乐布姆是如何给合理的道德生活留有一席之地的呢？彼乐布姆认为，表达道德上的愤怒必须是正当的。即使硬不相容论作恶者应受责备的假设被撤销了，他们实际上做了不道德行为的信念也不会受到威胁。从伦理学的角度或是人们公认的道德准则来看，道德与不道德的评价依旧存在。而这种公认的信念将使我们有决心抵制虐待、歧视和压迫。这样一来，彼乐布姆在接受强硬的不相容主义的同时，既保留了道德愤怒所带来的好处，同时也规避了它的破坏性影响。

标准的相容论和自由意志主义之所以备受关注，是因为它们以不同的方式证明了自由意志的存在地位，满足了人类对生活和道德的期许，但硬决定论恰恰相反，由于一切都是注定的，它让人们被动，打击了人类的主观能动性。有这样一些哲学家，他们不否定硬决定论的观点，即尽管自由意志不存在，但是它作为幻觉对人们的生活仍旧有积极的意义。

索尔·斯米兰斯基(Saul Smilansky)认为，关于自由意志和道德责任的信念是虚幻的，但是虚幻发挥的作用很大程度上是积极的。这种幻觉论不同于魏格纳的幻觉论，魏格纳的幻觉论仅说明自由意志是副现象的，不产生任何因果作用，但斯米兰斯基认为幻觉在自由意志的问题上起着巨大而积极的作用。这种作用是指伦理学意义上的应然作用，因为"幻觉"的含义结合了信念的虚假性与形成和维持这种信念的道德动机。

幻觉的重要性体现在自由意志问题的两个重要方面：其一，推翻了相容性一元论的思想禁锢之后，在新的自由意志图式中相容论和硬决定论如何求同存异。其二，更深刻的在于，自由意志主义所提倡的那种道德责任所要求的终极意义上的自由意志已经轰然倒塌，只有幻觉的积极基础才能构筑符合人们道德生活的自由意志大厦。最终我们必须面对这样一个矛盾但是辩证统一的事实：尽管一些道德的基本信念在概念上不连贯，甚至互相冲突，但若没有它们，人类社会将无法存活，我们只能拿起幻觉的武器，哪怕是自欺欺人或是一厢情愿，它也能捍卫我们基本的道德尊严。控制力是道德的必要条件，这是道德问题的基本范式。幻觉对于自我本身也十分重要，它赋予了人们认识论上的价值感，让人们感觉到自我能够控制自身行动，从而维持自身价值。从现象学的视角来看，它是人们道德和个人价值的重要条件。

具体而言，作为幻觉的自由意志如何在行动中发挥作用呢？在本体论的意义上，我们没有终极意义上的自由意志，没有不动的原动者。在认识论上，我们认识到我们能够控制自己的行动。从现象学的意义上说，我们有"感觉起来之所是"的自由意志，而这种感觉是虚假的。综合而言，自由意志有一定程度上的存在地位，根据硬决定论，它从根本上来说受到他因的限制，遵循严格的因果闭合性原则，所以不存在自由意志主义所提倡的自由意志。根据相容论观点，它仅仅是适度的控制力，而不是深层次的自主体本质上所拥有的自由意志，不足以保证人们为其行动受到应有的奖赏或惩罚。斯米兰斯基幻觉论的出发点和核心是人以及人的道德生活，所以其对控制的形而上学说明并不十分有说服力，但是从实际的角度考虑，它是"可行的信念"（workable beliefs）。

第三章　自主性现象学与意志
怀疑论的解构

当代心灵哲学中，自由意志研究出现了自然化的趋势，神经科学和心理学等科学的新发展对自由意志的存在地位及其因果效力提出了挑战，并由此构成"意志怀疑论"①。尽管新相容论和自由意志主义之间对决激烈，但都逃不开"意志怀疑论"的纠缠，因而在辩护各自的形而上学立场的过程中，两者达成了这样一个共识，解构意志怀疑论是解决自由意志心灵哲学问题的逻辑起点，其中，有一种独树一帜的思路认为，意志怀疑论不能证明自由意志不存在的原因在于意志怀疑论者对自主性经验的认识太过于天真。第一人称视角下的自主性经验是自主性现象学的基本范畴，它关注的是"成为一名自主体感觉起来之所是的东西"。意志怀疑论割裂了第一人称视角和第三人称视角下的自由意志图景，激发了自主性现象学的元理论本体论问题，以及对自主性经验的构成、发生学以及功能作用等的心灵哲学解剖，经历沉寂之后的自主性现象学东山再起，反过来对意志怀疑论形成了釜底抽薪式的解构。

---

① "意志怀疑论"是自主性现象学的代表人物贝恩和乐雅对魏格纳幻觉论的称谓或指称，由于我想从自主性现象这一维度切入解剖甚至解构魏格纳的幻觉论，因此在本章采用"意志怀疑论"这一指称。

第一节 意志怀疑论和自由意志的民间现象学

自由意志的民间现象学是指一般人感觉起来之所是的自由意志，这一概念是由自主性现象学代表人物那米尔斯提出来的，"自由意志的民间现象学"恰恰是意志怀疑论所批判的对象。"意志怀疑论"从狭义的层面上特指魏格纳的幻觉论，从广义的层面上指的是以神经科学家李贝特和心理学家魏格纳为代表的、基于科学得出的自由意志危机论，再加之李贝特从"发起者经验"层面否决了自由意志的存在地位，为魏格纳的自由意志民间现象学批判奠定了坚实的基础。因此，在这里，笔者将采用其广义的含义。

一、判决性实验和自由意志民间现象学范畴

李贝特及其团队的"判决性实验"结论颠覆了我们对自由意志的认知，形成了其独特的意志怀疑论，"大脑恰恰在人们觉知到自动行动的意图或愿望前无意识地开启了某个意志过程，这一发现显然对我们如何看待自由意志具有深远的影响"①。实质上，李贝特是从因果作用力的根源和"发起者"角度对传统的自由意志观念构成了威胁，李贝特一系列有影响力的实验表明，有意识的意图是大脑活动的结果。这与传统的自由意志概念形成了鲜明对比，传统的自由意志概念认为心灵控制身体。相应地，这种笛卡儿式的二元论的自由意志概念提供了一种自由意志的民间现象学观点，具言之，就人们感觉起来之所是的自由意志而言，意志是一种具有原因作用的心灵实体，这种自由意志的民间现象学恰恰是李贝特意志怀疑论所批判的对象和基础。

---

① Mele A. Motivation and Agency [M]. New York：Oxford University Press, 2003：201.

具体而言，这种自由意志的民间现象学观点在李贝特的实验中主要通过"决定的现象学"来体现，或者说，李贝特在其实验中涉及的自主性现象学构成内容主要是"有意识的决定"和"有意识的意志"。在经典实验中，根据实验规则的不同，受试者的行动可分为两种，一种是无外力刺激的情况下受试者自由随意地行动，没有预先规定行动时间点的情况下，"受试者被要求标记并报告其执行自我开启动作的'愿望'的有意识的觉知"①，或者说"回想行动初始时愿望觉知所对应的时钟旋转点的具体空间位置"②。另一种则是在外力刺激下的自愿行动，即受试者需要按照指示看着时钟，当旋转点到达"预先设定的'时钟时间'"时弯曲。一方面，脑电图上的准备电位(RP)数据将客观显示受试者在行动时大脑的活动情况；另一方面，受试者将报告对自身行动决定的觉知，并用 W 标记。当然，李贝特在不同的地方用多种不同的术语指称"决定"，如"意图""冲动""想要""决定""意志""愿望"，不同的指称有不同的内涵，这一点也常常被意志怀疑论的批判论者做文章。

然而，从自主性现象学的角度来看，李贝特的意志怀疑论实质上针对的是"有意识的决定"、决定经验的原因作用力，这为后来魏格纳的自由意志幻觉论打下了一定的基础。然而，李贝特的独特之处在于，他的意志怀疑论本质上是一种半怀疑论，因为其实验发现了关于"否决"的"有意识的意志"，受试者在实验中经验到了有意识的行动愿望，但是他们又否决了、压抑了这种愿望，并且在否决之前，不存在另外的准备电位数据显示有在前的无意识大脑或肌肉启动活动，这说明否决意志在本质上不是一种无意识的心理现象。由此推断，这种有意识的否决意志具有心理内容，是意向性的，它不同于上面所提到的关于行动愿望或决定的"觉知"。

更进一步来说，这种有意识的否决意志在行动因果序列中有何具体因

①　Libet B, Gleason C, Wright E, et al. Time of Conscious Intention to Act in Relation to Onset of Cerebral Activity[J]. Brain, 1983(106)：623-642.

②　Libet B. Unconscious Cerebral Initiative and the Role of Conscious Will in Voluntary Action[J]. Behavioral and Brain Sciences, 1985, 8(4)：529.

果作用？有意识的意志控制可能并没有开启意志过程，而是选择和控制它，要么允许或触发无意识启动过程的最终运动结果，要么否决实际运动激活的进程。"在否决中，大脑运动处理的后期阶段将被阻止，因此运动神经元对肌肉的实际激活不会发生。"①一方面，李贝特承认了这种有意识的否决意志并非副现象的，而是具有否决力。尽管它在行动的因果序列中不具备根源性的原因作用力，但是它仍旧具有一定的因果作用力。当然，有人质疑，如果否决意志本身有其在前的准备电位显示相应的大脑神经活动，那么这种意志就将不具备因果作用力，进而自由意志不存在，这遭到了许多哲学家的反驳，② 李贝特自身作了一种中庸式的调解，他说："'决定的觉知'需要在前的无意识过程，但是，'觉知的内容'，即否决的实际决定却不同，它并不一定有相同的要求。"③李贝特在这里明确地肯定了"有意识的否决"是具有因果作用力的心理内容。另一方面，从自由意志概念的起源构成来说，有意识的否决意志的提出并不能否定大脑神经活动是自由行动产生的根源，换言之，它并不能从这个角度来拯救自由意志危机，放眼行动的整个因果序列，否决意志在逻辑上、时间上均处于控制行动产生的大脑神经活动和实际行动的中间位置。

二、魏格纳的意志怀疑论和自由意志的民间现象学

从广义的层面上说，"自主性现象学"指的是与自主性相关的任何现象状态，从狭义的层面上看，它仅仅聚焦第一人称视角下的自主性现象学，同时也包含大量的"现象状态"。无论是广义还是狭义，其核心都是关于自

① Libet B. Unconscious Cerebral Initiative and the Role of Conscious Will in Voluntary Action[J]. Behavioral and Brain Sciences, 1985, 8(4): 537.

② 威尔曼斯反驳认为，即使否决意志本身有在前的无意识启动过程，自由意志也不会因此被消解，它实质上是通过排除自由意志的根源性条件来维护自由意志的存在地位，但是笔者认为这种反驳对李贝特的实验结论来说没什么说服力。

③ Libet B. Do We Have a Free Will? [J]. Journal of Consciousness, 1999, 6(8-9): 50.

主行动而不是被动动作的现象特征，即"正在做的事情，而不是发生在你身上的事情"，它包含了心理事件的经验、控制行动的经验、行动中努力的经验、自由行动的经验等，狭义与广义的不同点在于它们涵盖的内容构成不一样，在这里，我们暂且不做定论，但其内容构成的涵盖范围或者说狭义或广义的选择将影响自主性概念范畴，相关论题后续再展开，这一节主要谈论魏格纳的意志怀疑论所包含的自由意志民间现象学范畴，以期为后面的范畴解构打下基础。①

自由意志的民间现象学是魏格纳意志怀疑论的基石和靶子，他在《有意识意志的幻觉》概论中就写道，我们的讨论实际上是关于自由意志的经验，详细考察了人们什么时候感觉到自由意志，什么时候没有。我们一直在探索的一个特别的想法是，用决定论或机械论的过程来解释自由意志的经验。魏格纳并未明确提出自由意志的"民间现象学"这一概念，他是通过许多相关的自主性现象学范畴来表现的，主要的两大概念范畴是"有意识的意志"和"行动的感觉"，例如，魏格纳将人们的"行动感觉"称为"发起者情感"，实质上是把自由意志的民间现象学与自主体因果关系的自由意志立场统一起来了，所谓"发起者情感"，是指人们感觉到自身是自主体，是自身行动的源头，是齐硕姆所说的"不动的原动者"。同时，魏格纳通过"有意识的意志"表现自主体的因果关系，它可以从两个层面来考虑，在更抽象的层面上，人们可能会感觉到自己的意图是行为的原因，在较低的层次上，人们可能会感觉到自己的动作造成了一些影响。不论是从哪个层面上分析，其核心在于论证自由意志的民间现象学默认了自主性现象学的存在，并且与自由意志主义者有一致之处，即认为自主体或自主体的心理状态对行动结果不但具有因果效力，而且是导致行动产生的原因，而非理由。②

---

① Bayne T. The Phenomenology of Agency[J]. Philosophy Compass，2008，3(1)：188.

② Wegner D M. The Illusion of Conscious Will[M]. Cambridge：MIT Press，2002：325.

准确地说，魏格纳的意志怀疑论要批判、质疑的对象正是不相容论者或者说自由意志主义者所秉持的自由意志的民间现象学立场，是自主性现象学的一部分，是一般人感觉起来之所是的自由意志的样子。具体而言，魏格纳关于自主性现象学的分析可分为两个部分。

其一是在匹配模型问题中，它追问的是一般人感觉起来之所是的行动因果过程与实际上的行动因果路径是否一致？魏格纳认为我们之所以经验到有意识的意志，是因为我们对行动原因的自我投射，即"我们通过将思想视为行动的原因从而经验到这种意志感"，实质上，"有意识的意志经验来自解释这些联系的过程，而不是来自联系本身"。由此，魏格纳提出了其显明因果关系理论，解释了有意识的意志经验是如何产生的，进而对比得出行动的实际因果路径起源于无意识的大脑过程，也就是说，"无意识和不可思议的机制创造了行动本身和行动中有意识的思想"。

如果说显明因果关系理论基于意志经验的来源问题揭示了自主性经验与魏格纳意志怀疑论的紧密联系，那么模块副现象论就是从意志经验的本质角度引出了其自由意志幻觉论。所谓模块副现象论，是指自由意志在本质上是一种副现象的模块，"有意识的意志是一种附加品，是一种具有自身起源和后果的经验"。它与显明因果关系理论一脉相承，正是因为"提供意志经验的大脑结构不同于行动的大脑来源"，所以推断出"意志的经验与产生行动的过程联系得不是很紧密……任何创造意志经验的东西可能只以一种松散耦合的方式与产生行动的机制结合起来发挥作用"①。自然而然，魏格纳明确提出了幻觉论，使之成为阐发其自由意志民间现象学观点的另一个主阵地，他说："事实上，我们似乎都认为自身有有意识的意志、有自我、有心灵。似乎我们是自主体、是我们行动的原因所在。"并且，只要你知道自我是如何运转的，自我的魔力就不会消失。无论你如何研究自身的行为机制，或者从心理学角度了解人们的行为是如何产生的，你都会感觉自己在自由自在地做事情，感觉到自身的意志是自由的。也就是说，关

---

① Wegner D M. The Illusion of Conscious Will[M]. Cambridge：MIT Press，2002：47.

于自我的幻觉持续存在。一方面，它进一步印证了第一人称的意志经验与第三人称的行动因果过程不匹配，有意识的意志错误地表征了行动产生的因果路径。另一方面，它清晰地抛出了其意志怀疑论的靶心，即自由意志的民间现象学，它通过"持续存在"的"自主体"原因默认这种民间现象学包含"发起者"经验和"所有性"（authorship）经验，诚然，魏格纳预设的这种现象学观点并非"前哲学的"，而是与民间现象学中的二元论立场一致。①

魏格纳的理论逻辑进程是基于一系列的心理实验案例展开的，这些案例可分为两种情况，一种情况，人们执行了一种看似自愿的行动，但是他们并没有经验到自身想法导致该行动的产生，例如，自动症、异手症以及精神分裂症的异手控制。另一种情况则相反，人们经验到了执行某行动的相关想法，但是该行动事实上并不是那些想法所导致的，例如，魏格纳的I-SPY实验是解构自主性及其经验之间联系的一个典型例子。在这个实验中，参与者和实验助手共同控制电脑鼠标，鼠标可以移动到棋盘上任意一个图像上，比如天鹅。在某些实验中，实验者强迫指针落在目标图像上，同时在指针落在图像上之前或之后的一定时间间隔内通过耳机向参与者提示图像的名称。当启动立即发生在指针落在目标图像上之前时，参与者表现出更多的自我归因倾向，即声称他们曾打算落在图像上。魏格纳和维特利认为，这种启动在缺乏自主性的情况下创造了自主性经验。魏格纳人为地激发了受试者心中的自主感和发起感，使得受试者经验到行动发生之前有相应的有意识的愿望发挥作用，这样一来，受试者针对行动表现出更多的自我归因倾向，然而事实上，行动大多由实验者操控，并非自由自主的。这些案例都说明了自主行动与自主性经验之间并无必然联系，同时这也将我们的视线聚焦于魏格纳意志怀疑论的矛头，即自由意志的民间现象学。

"无意识和不可思议的机制创造了行动本身和行动中有意识的思想，

---

① Deery O. The Philosophy of Free Will[M]. Oxford：Oxford University Press，2012：320.

也产生了意志感，我们通过将思想视为行动的原因从而经验到这种意志感。因此，虽然我们的思想可能与我们的行为有深刻的、重要的、无意识的因果联系，但有意识的意志经验将来自解释这些联系的过程，而不是来自联系本身……我们不需要一个特殊的理论来解释意动行为，我们可能只需要解释为什么意动行为和自动主义避开了产生意志经验的机制……意动行为可以借由与创造意向性行为相同类型的过程发生，但在这种方式下，人们在一个因果单元中将思想和行动联系起来的一般推理链就会受阻……因为每一种行为都有一些特殊的怪癖，它使得人们难以被灌输有意识的意志是幻觉这一观念，所以自动主义可能与自愿行为一样有相同的来源，但却被称为怪异。"①

从本质上说，魏格纳认为对行动的认知使得我们在不受意志的特殊影响下执行行动。这种意动行为理论基于这样一种可能性，即行动的观念可能导致行动，但这种因果关系可能不会出现在个人的意志经验中，行动之前的行动想法可能会在没有意图的情况下促使行动发生。

其二是幻觉论，基于匹配模型和显明因果关系理论得出"有意识的意志"经验的本质，"事实上，我们似乎都认为自身有有意识的意志、有自我、有心灵。似乎我们是自主体、是我们行动的原因所在"。有意识的意志错误地表征了行动产生的因果路径。

显明因果关系的经验之所以使自我变得神奇，是因为它没有吸收所有的证据。我们无法了解导致行为发生的无数神经、认知、性格、生物或社会原因，也无法了解强调我们行动中的想法为何会产生的一系列类似原因。相反，我们的魔法在自我面前呈现两件事，即我们有意识的思想和我们对自己行为的有意识感知，并相信这两件事通过我们的意志神奇地联系在一起。在建立这种联系时，我们采取了精神上的飞跃，它超越了指导行动的可以证明的无意识的力量，并得出有意识的心灵是唯一的参与者的

---

① Wegner D M. The Illusion of Conscious Will[M]. Cambridge：MIT Press, 2002：98-130.

结论。

他明确提出，行动中存在有意识的意志经验并不能直接说明有意识的思想导致了行动。如果非要这样认为，有意识的意志就很可能是一种幻觉。在匹配模型问题上，魏格纳通过一系列的心理实验证明，有意识的意志经验对于自由行动而言既不充分也不必要，他基于显明因果关系最终提出一般人关于自由意志的现象学体验与实际客观不相符，有意识的意志经验没有因果效力，只是一种副现象的幻觉。

总而言之，对魏格纳而言，只要我们知道自我是如何运转的，自我的魔力就不会消失。无论我们如何研究自身的行为机制，或者从心理学角度了解人们的行为是如何产生的，我们都会感觉自己在自由自在地做事情，感觉到自身的意志是自由的。也就是说，关于自我的幻觉持续存在。我们仍然和其他人一样容易受到有意识的意志经验的影响，并且感觉到我似乎在做事情。

第二节　自主性现象学的认知地位

魏格纳将"有意识的意志"与自由意志紧密地联系在一起，他认为自主性经验在意识结构中并没有认知地位。"有意识的意志在时间轴上的位置表明意志经验是导致行动产生的因果链中的一环，然而，事实上情况可能不是这样的，意志经验可能只是松散的一端，是在前的大脑和心理事件所导致的类似于行动的一部分。"在这里，魏格纳所说的"意志经验"指的是"关于移动愿望的经验"，他是为了说明这种经验不是"弯曲"这一行动的原因。[①]

此外，魏格纳认为，有意识的意志是由大脑"引擎"即"实证意志"引起的，但它本身并不驱使我们去行动，"无论有什么经验意志在引擎室里隆隆作响，思想和行动之间的实际关系实际上可能对于机器（思维）的驾驶员

---

① Wegner D M. The Illusion of Conscious Will[M]. Cambridge：MIT Press，2002：55.

来说是不可理解的"。① 也许有意识的意志甚至可以从思维活动中剥离出来，而不影响我们的行为。这种强烈的观点与哲学家们在讨论僵尸问题时所担心的问题有关，当然还有心理因果关系。一种担忧是，如果行为的原因可以用低级（"无意识"）机制充分解释，那么意识过程还能扮演什么角色？

魏格纳否认有意识的意志是完全无效的，"由无意识机制创造的有意识的意志经验并不一定是一种纯粹的副现象。意志经验不是机器里的幽灵，而是一种感觉，它帮助我们欣赏和记住我们的心灵和身体所做的事情是由我们主导的，但它只是在道德的层面上有积极的效用"，"毕竟，显明心理因果关系的方法并没有完全抛弃有意识的意志；相反，它解释了经验是如何产生的……最终，比起对真正行动的影响，我们有意识的意志经验可能对我们的道德生活有更多的影响"②。模块副现象论也是魏格纳意志怀疑论的重要组成部分，它说明自由意志本质上是一种副现象的模块，"有意识的意志是一种附加品，是一种具有自身起源和后果的经验"。意志的经验可能与产生行动的过程联系得不是很紧密，这为显明因果关系理论的提出奠定了基础，同时也映射了意志经验的虚假性。

显明因果路径是指当一个人基于思想到行动的路线推断出一条显明的因果路径时，有意识的意志经验就会产生。实际上，真正的因果路径并不存在于人的意识中。思想是由无意识的心理事件引起的，行动是由无意识的心理事件引起的，这些无意识的心理事件可能直接或通过其他心理或大脑过程相互联系。经验到的意志是表征内容的结果，而不是真实的行动内容的结果。根据显明因果关系理论，当满足以下三个条件时，人们通常将自身经验到的有意识的思想和意图当作自身行动的原因，这三个条件分别是优先性、一致性、排他性，用休谟的话来说，"人们通常在感知因果性时，会使用这三个条件"。而这三个条件加持下的一般人的意志经验则是

---

① Wegner D M. The Illusion of Conscious Will[M]. Cambridge：MIT Press, 2002：28.

② Wegner D M. The Illusion of Conscious Will[M]. Cambridge：MIT Press, 2002：334-341.

魏格纳所预设的自由意志的民间现象学。

（1）优先级：有意识的思想和意图（以下简称"思想"）必须先于它们的行为表征，通常用 1~5 秒；（2）一致性：思想必须与行动一致（这一点通常很明显，因为它们在语义上是相关的）；（3）排他性：我们认为我们的思想在一定程度上导致了我们的行动，而我们没有察觉到其他可能导致行动的因素。①

魏格纳基于民间理论观察发现，某些行动结果的启动会影响自主体关于其行动控制程度的感觉及其报告，有意识地想要采取行动的经验是虚幻的，原因在于，魏格纳认为我们行为的潜在原因是大脑中的无意识过程，而不是我们有意识的意图本身。再加之当我们意识到我们的意图在行动之前发生时，我们的意图导致了行动，它们与行动是一致的，而且不存在其他显著的替代原因。魏格纳将这种显明因果路径的错误阐释为一种意志经验的预览，从本质上说，该理论表明，当我们的心灵为我们提供了行动的预览时，当我们观察到行动是随后发生的时，结果证明这些预览是准确的，我们就会把自己经验为导致行动产生的自主体。

显明因果关系的经验可能是不真实的，要么是因为拥有自主性经验的自主体实际上并不是行动的原因，要么自主体将他们自身的行为归因于他人。就像魏格纳所说的，预测或预览将要发生的事情的能力在这个层次的意向性因果关系中似乎扮演了一个关键角色。因此，魏格纳和他的同事们让参与者在镜子中观察自己，与此同时，他们身后的另一个人，隐藏在视线之外，将手伸向参与者通常会伸出手的地方并表演一系列动作。当受试者听到预览动作的指令时，他们对这些动作的自主感会增强，但当指令跟随动作时，这种自主感不会被感觉到。

① Nahmias E. When Consciousness Matters：A Critical Review of Daniel Wegner's The Illusion of Conscious Will[J]. Philosophical Psychology, 2002, 15 (4)：527-541.

总而言之，从显明因果路径到模块副现象论，再到幻觉论，魏格纳在逻辑上层层递进，基于不匹配模型推论出自由意志的本质，最终得到第一人称视角下的自由意志幻觉，贯穿始终的一个对象即是自由意志的民间现象学。笔者认为魏格纳的意志怀疑论要批判、质疑的对象应当是自由意志的民间现象学立场，即是说，魏格纳引发的应当是"自由意志民间现象学"的危机，而不是"自由意志"危机，在该语境下，意志怀疑论威胁到了二元论中的心灵实体，它也与自主体因果经验背道而驰，不论是自由意志民间现象学的"发起者条件"，还是"自主体因果"经验，它都嗤之以鼻。诚然，对"发起者条件"的批判在李贝特那里就已兴起，在魏格纳这里，只是更进一步，只有弄清了意志怀疑论所批判的自由意志民间现象学范畴，才能有针对性地、有效地去评判意志怀疑论的合理性。

意志怀疑论对自主性经验认知地位的批判可以在休谟策略和福多的心灵观中找到共鸣。休谟认为通过内省找不到"行动的经验""成为一个自主体的经验"所对应的东西，休谟策略所依赖的理论基础就是"现象学的统一性"（phenomenal uniformity）。具体而言，它是指人类所拥有的现象学状态几乎是一样的。事实上并非如此，个人拥有不同的现象学状态，人与人之间的现象学状态是否一致也是未知的。福多提出了感知模块，认为现象意识就是模块的输出，意识的组织结构将导致自主性内容不能被经验编码，自主性内容并不是"经验准入的"（experientially admissible）。这一怀疑论将自主性经验直接等同于大脑组织，走向一种极端的机械唯物主义，从这个层面来说，它与意志怀疑论的思路是一致的，福多和其他意志怀疑论者企图用第三人称视角下的自主性图景去否决第一人称视角下的经验，然而这种思路遭到了许多哲学家的反对。有的哲学家提出了自主性经验的某些构成部分由低级模块系统辅助，这些模块可能是输出（行动）模块，而不是输入（感知）模块，但它们仍然是模块。这一观点尽管将自主性经验自然化了，但是它不否认自主性经验具有存在地位。退一步来说，福多的这种怀疑论也是比较脆弱的，因为有独立的理由来反对现象意识局限于模块的假设，不仅有许多关于专有的认知现象学的说法，还有"边缘现象学"要考虑，如"舌尖"体验、识别感、熟悉感和意义感，这些只是许多经验状态中的一部分，并不是由福多所说的模块产生的。①

不难看出，在意志怀疑论的视域下，自由意志经验在意识结构中并未留有一席之地，其功能性作用遭到了严重威胁。所谓"功能性作用"，指的是自主性经验在意识结构中的认知地位，而非自主性经验的生物学功能。魏格纳是不承认自主性现象学性质在意识中独立的存在地位的，他与认知现象学的否定者，即"分离主义"者在这个问题上不约而同地迈入了同一个阵营。分离主义者的代表人物有耐尔金和罗曼德，他们认为"尽管意向的心理状态是非现象，但意向状态是非意向的……一方面，相对于其他的关于认知自主体的内在状态以及关于自主体的环境的外在状态而言，意向的心理状态的本质就是他们的因果或功能作用。另一方面，坚持认为存在着某些非意向的心理状态，通常我们把它称为'感受性质'，首先，它们拥有一种不能通过因果功能作用捕获的真正的'感觉起来之所是'的本质；其次，这些状态是非意向的。"②与之相对，认知现象学的支持者们③基于对认知现象学性质的认可肯定了自主性现象学的存在地位，承认"有意识的意志""有意识的决定""有意识的意图"等自主性意识状态具有不同于一般"感觉经验"的认知性质，它们对行动具有因果作用力。

自主性现象学的本体论地位基于我们对认知现象学的认识，两者是一荣俱荣、一损俱损的关系，在认知现象学的视域中，"思维和愿望这样正在发生的意向状态有着一种特定的、专有的现象学性质，即一种特定的'感觉起来之所是'的特征，这种性质超越了感觉经验的现象学性质"，它涵盖了诸如"正在发生的愿望这样的意动的意识状态"④。那些认可认知现

---

① Bayne T. The Phenomenology of Agency [J]. Philosophy Compass, 2008, 3(1): 185.

② Bayne T, Montague M. Cognitive Phenomenology [M]. Oxford: Oxford University Press, 2011: 57.

③ 包括戈德曼、斯特劳森、西维特、霍根、廷森、格里汉姆、皮特。

④ Bayne T, Montague M. Cognitive Phenomenology [M]. Oxford: Oxford University Press, 2011: 57.

象学的人大有可能认为自主性现象学包含了"正在行动中"的表征，相对地，否定认知现象学的"分离主义者"则仅仅将自主性现象学局限于没有概念内容的"低层次"状态。① 意识状态具有不同于一般"感觉经验"的认知性质，它们对行动具有因果作用力。

基于此，自主性现象学的认知地位或功能性作用问题将直接影响魏格纳意志怀疑论的命运，如果存在专门独立的自主性现象学性质，魏格纳对自由意志民间现象学的批判将被解构。问题是：自主性现象学的元理论本体论如何？究竟是否存在专门的、特定的自主性现象学性质？感知、情感和认知体验等围绕着行动，并在上述描述中有所体现。有没有什么特殊或独特的东西，借助现象学可以被认为是能动的？

霍根团队基于对自主性现象学不像什么的观察发展了对比案例。首先，它不可还原为感知、情感和认知体验等相关的现象学，它不是"偶然出现的身体动作的现象学"，如突然经验到一个被动地抬起右手的愿望，也不是"身体动作的心理状态因果关系的消极现象学"，如突然被动地经验到自己抬起右手并攥紧拳头的愿望，这个愿望随之导致相应的行动发生。这两种现象学性质的共同点在于经验的源头是消极被动的，而非行动者自主，可以看出，霍根认为自主体是行动源头这一现象学特征视为自主性现象学的必要条件。换言之，没有专门的自主性质，如"自我作为源头""行动中自我作为源头感觉起来之所是的东西"等现象学性质，就没有自主性现象学。②

根据克里格尔的看法，如果某个现象学性质被行动片段中的核心状态或过程而非行动片段外的状态或过程例示了，就可以说这个现象学性质具有专门的自主性，或者说存在专门的自主性现象学。克里格尔提供了一种对专有的自主性现象属性的不同描述。克里格尔强调的是"决定"和"尝试"

---

① Bayne T. The Phenomenology of Agency [J]. Philosophy Compass, 2008, 3(1)：183.

② Bayne T, Montague M. Cognitive Phenomenology [M]. Oxford：Oxford University Press, 2011：57.

的现象学，而不是"自我作为来源"的现象学性质，它涉及行动者"感觉到的行动阻力"，并且满足这种阻力内部的冲突，同时又涉及"面对阻力时的动力"经验，他认为这种现象学属性不可还原为视觉或情感属性。①

谢菲尔德基于一种实证的观点试图反驳可还原的观点，证明现象学和被假定用来解释行动控制的各种计算模型之间有密切的联系。这类模型赋予了预期图像状态重要的功能作用。正如在正向模型预测的语境中一样，这样的状态用于比较预期与实际感知反馈，以便实时识别和纠正错误。但是，是否有充分的理由将现象学与这些状态而不是其他状态联系起来？为了反对这种做法，谢菲尔德呼吁开展涉及暂时性瘫痪的研究。在这些研究中，参与者试图用不同的身体部位进行不同的动作。他们报告说，他们有强烈的试图移动的经验，但很少有预期意象的体验。

在这些实验中，报告的尝试经验不能用预测和实际反馈之间的匹配来解释，因为没有实际反馈，它们也不能用内部模拟反馈或反馈预期来解释。内部模拟反馈可以通过集中"尝试经验"获得。也就是说，这样的体验大概是感觉上发生在身体相关部位的事情的体验，但是很少有感官体验的报道。报告的经验主要是指导性的，关于努力的方向到身体的部分。再者，尝试的体验明显不同于身体部位运动的感觉体验。②

米洛普洛斯提供了一套不同的关于纯感觉现象学的实证方案，以反对自主性现象学可还原的观点。该方案分为可还原和不可还原的现象学性质，在米洛普洛斯眼中，还原观点试图将自主性现象学与熟悉的感觉模式的现象学同一起来，如本体觉、视觉等，但是这样的提议在容纳各种各样的关于行动和经验的实证数据方面有问题。例如，根据那些运动皮层受到刺激的人的说法，刺激运动皮层产生运动（以及身体动作的本体感觉和视觉体验），但没有产生任何自主性现象学。的确，正如所指出的那样，很

①　Kriegel U. The Varieties of Consciousness[M]. New York：Oxford University Press，2015：73-90.

②　Shepherd J. Conscious Action/Zombie Action[J]. Joshua Shepherd Noûs, 2016, 50 (2)：425-426.

难看出一个还原的建议如何能够解释我们轻易地对行动和被动运动所作的区分，因为似乎没有一套感官特质来标记"行动"与"非行动"之间的差异。

重新描述的非还原尝试必须以一种新颖的感觉形态识别能动现象学。贝恩为此提出了一个案例，将其与运动控制的比较器模型（comparator model）联系起来。对此，米洛普洛斯观察到，不清楚为什么我们应该把现象学与这个模型联系起来。此外，贝恩的提议遭到了证伪。异手综合征患者表现出复杂的感觉运动控制，但否认他们的手部运动是自己的行为。但是如果自主性现象学与负责感觉运动控制的计算机制密切相关，那么异手综合征患者应该有自主性现象学。米洛普洛斯指出，那些同情贝恩的人提议可能希望在某些时候调用一些额外的元素，如意图。然而，这样做却进一步破坏了相关现象学是感官的想法。

那么，至少对专有的自主性现象学的怀疑似乎面临着严重的问题。这种怀疑的观点似乎缺乏实证的支持。此外，怀疑论观点在现象学上是不充分的。存在专门的自主性能动性现象学的理由似乎很充分。

尽管比较器模型遭到了质疑，但是它提供了这样一种思路，实证的自然主义解构进路是解决自由意志危机的一种趋势，只是解释器模型的解释力较弱，引发的下一个问题是：何种发生学机制能够支撑这种非还原的自主性现象学特点？在回答该问题之前，先对自主性现象学的构成和条件问题作一些澄清。

第三节　自主性现象学的条件和构成

自主性现象学目前有这样一个现象学和分析哲学融合的走向，其表现之一是对自主性经验的内容构成进行解剖，笔者通过总结谢菲尔德、贝恩、霍根等代表人物的看法，发现自主性现象学的构成内容包括"心理因果关系""目的性""属我性""发起性""行动评价""执行""努力""自由"等经验要素，意志怀疑论所针对的自由意志民间现象学只是将"心理因果关系""发起性"作为自主性现象学的构成要素，并由此武断地判定自由意志没有原因式的因果作用力，研究认为，在这个构成要素问题上意志怀疑论犯了范畴错误，并且没有意识到这些要素之间是相互联系的，通过不同的要素组合可以形成不同的自由意志的形而上学立场，因此不能对自由意志的因果地位构成威胁。

一、自主性现象学的门槛条件

既然存在专门的、特定的自主性现象学，那么进一步的问题是：自主性现象学描述可靠吗？这一问题与自主性经验的结构息息相关，有的心灵哲学家认为，自主性现象学性质是通过"世界朝向心灵"的方向获取的，因而其结构是意向性的而不是描述性的。由此推断，自主性现象学无所谓可靠与否的评价，即是说，自主性现象学只有门槛条件（satisfaction conditions），没有真值条件（veridicality conditions）。著名的心灵哲学家塞尔坚持自主性现象学只有"门槛条件"，认为只要自主性的现象学性质具有独立的存在地位，就不能评价说它是真实或是虚幻。他的理由是，人们在行动中感觉起来之所是的东西实质上谈论的是世界的应然，而非实然的东西，我们所能经验到的是我们对世界的主观认知，而非世界本身的客观面貌，人们的自主性经验解释是一种"指令性"解释。塞尔以"意向性自主经验"为例，将这种自主经验与"行动意图"同一起来，"行动意图"不同于"前置意图"，其一，许多习惯性动作中包含了行动意图，但不一定需要前置意图，例如每天打开家门，自发地在房里踱步；其二，前置意图在行动的因果序列中是逻辑在前，即它导致了行动本身，然而，行动意图与行动本身即是一个逻辑整体，行动本身就包含行动意图。[1]

由此，塞尔将行动经验与视觉经验进行对比得出行动经验是指令性的。视觉经验不存在前置经验之说，其因果路径遵循心灵到世界的契合方

---

① Searle J. Intentionality［M］. Cambridge：Cambridge UP，1983：84.

向，如果客观世界发生变化，我们很容易辨别视觉经验是否真实，例如海市蜃楼现象，当我们真正走进去触摸"海市蜃楼"的客观实在时，我们很容易发现所看到的只是一种幻觉。换言之，这种因果关系以客体为逻辑起点，遵循客体到视觉经验的路线，一旦出现意向性的心理内容，就可以判断出是由客体对象及其特点导致的。然而，行动经验的因果路径与视觉经验相反，以塞尔所说的意图为例，意图之所以会产生，是因为客体对心灵进行映射，其路径是世界朝向心灵。例如，我们通常在行动中会有某种经验或者说感觉起来之所是的东西，但是实际上并没有发生，我们会清晰地认识到我们有作相应行动的意图，但是意图最终并未导致相应结果的发生，但如果产生了实际行动，我们就会认为意图得到了满足，这说明行动经验的因果路线是从经验到客观世界的，进而是指令性的。①

根据两种经验迥然不同的产生路径，我们可以总结出，视觉经验以客体对象为基准，其因果路线是世界到心灵，因而视觉经验有真值条件，但行动经验的基准是心灵、人的主观经验，其因果路径是心灵朝向世界，因为这种主观经验本身就具有不确定性，所以行动经验无所谓对错，因而没有真值条件。正是由于行动经验没有真值条件，所以当我们把自主性经验与行动经验同一起来时，我们将这种关于自主性经验的解释称为"指令性解释"。以塞尔的"举起手臂"为例，根据行动经验无真值条件是一种指令性解释这一观点，只要行动者有举起手臂的意图和经验，不论实际上是否成功地举起手臂，都可以满足构成自主性行动经验的条件，当然，塞尔将尝试的经验与自主经验等同了。

指令性解释遭到了许多哲学家的反驳，贝恩就认为塞尔的指令性解释并不令人信服，最直观的是，行动中关于"尝试"的经验并不能和行动经验本身等同，他不否认我们经验到行动中的尝试时，这种经验是指令性的，但是当我们真正实施相应的行动时，我们往往能够判断自己的前置意图或

---

① Searle J. Intentionality[M]. Cambridge：Cambridge UP，1983：88.

尝试经验是否准确，因而贝恩认为行动经验是描述性的，具有真值条件。①
詹姆斯提出的一个案例实质上支持了贝恩的观点，实验者要求一个被麻醉
的病人举起其手臂，在病人闭眼并且不知情的情况下，他手臂的移动实际
上遭到了另一个阻力，当病人睁眼时，发现自己的手臂纹丝不动，并对此
感到十分惊讶。病人之所以惊讶，是因为他预设了指令性解释，认为有关
于举起手臂的尝试的经验就有了行动经验，同时也不难发现，该病人实质
上对行动经验有了可靠与否的认知或评价，针对这个案例，塞尔不得不承
认发现了"行动经验与视觉经验之间的某种平行"，这充分说明自主经验的
真值条件对门槛条件发起了挑战。②

二、自主性现象学的真值条件

与自主性现象学的门槛条件相对，当我们承认自主经验有真值条件
时，就预设了自主性经验具有描述性结构而非指令性的结构，自主性经验
产生的因果路线是"心灵朝向世界"，它说明了世界、客体、对象应当是怎
样的，描述性解释承认自主性经验是主体经验对客观对象和状态的主观性
解释。从对现象学特征的分析角度来看，描述性解释属于一种表征主义。
表征主义承认每种状态的现象特征都有心理内容，反过来心理内容可以用
来分析一种状态属于何种现象特征；换言之，处于某种状态中是什么样，
可通过该状态内容或者说通过该状态所表征的东西来回答。霍根（Horgan）
是描述性策略的典型代表人物之一，而且他不承认行动经验有指令性结
构，由于他站在了表征主义一边，同时出于对认知现象学的支持，尽管他
是唯描述性解释，但是他并未对此分析做太多停留，而是直接探讨自主性
现象学的真值条件是什么这一问题。

谢菲尔德（Shepherd）以"行动经验"为切入口探讨自主性经验的真值条

①　Bayne T. The Phenomenology of Agency [J]. Philosophy Compass, 2008, 3（1）:
187-189.

②　Bayne T. The Phenomenology of Agency [J]. Philosophy Compass, 2008, 3（1）: 87.

件，认为我们在行动中的经验并不像魏格纳的心理学实验所证明的那样都是幻觉。他采用了这样的推理模型，假设多个输入线索负责对应行动中的经验机制，采用多种因素来衡量这些线索，以便产生尽可能可靠的经验，这些线索大致包含行动者的意愿、低层级的动作命令、预测、预期以及在行动展开过程中的各种知觉状态。尽管这些线索包含的因素多种多样，但是它们的共同点在于，预示着行动者在行动中的微观层面(fine-grained)上的"动力调整"并不能被纳入行动经验，行动者能经验到的行动进展似乎是"在相对宏观的层级(rough-grained level)上"。①

谢菲尔德通过关于自主性现象学真值条件的实证调查发现自主性经验的作用机制是层级式的，自主性现象性质在宏观层面而非微观层面被自主体经验到，"低层级上的机制导致微观的、特别的动力计划和调节产生作用，更加宏观抽象的动力规划成分作用的发挥则是由高层级机制负责的……"随着自主性经验机制的层级结构的发现，自主性现象学的真值条件也有了相应的判断，行动经验基于"更高层次上的机制"准确地反射出"该抽象层次上所发生的事情"是否真实可靠，进而促使自主体做出相应的判断，尽管这种判断可能只是"大规模的谬误"，而不是微观的细枝末节，但是自主体可以通过这种判断调整自身的行动计划，以便于与自主体对该行动环境的感知相适应。②

三、自主性现象学的内容

李贝特和魏格纳的科学实验威胁了自由意志的本体论地位，导致了自由意志危机，揭示了自由意志第三人称视角下的图景与第一人称视角下的图景不一致，这促使哲学家们重新关注其中一个方面，即自主性现象学的

① Shepherd J. Scientific Challenges to Free Will and Moral Responsibility [J]. Philosophy Compass，2015，10(3)：202.

② Shepherd J. Scientific Challenges to Free Will and Moral Responsibility [J]. Philosophy Compass，2015，10(3)：202.

形而上学问题，在解构自主性经验的内容构成的过程中，许多哲学家发现李贝特和魏格纳的意志怀疑论有严重的范畴谬误，正如自主性现象学的代表人物之一贝恩所说，意志怀疑论者对自主性现象学的认识太过于天真。

就魏格纳的幻觉论这一意志怀疑论而言，魏格纳以"行动的感觉"和"有意识的意志"为概念载体探究自由意志经验的真值条件，但问题在于，根据"有意识的意志"是一种幻觉就推断所有的行动经验或自主性经验是一种幻觉是不合理的。如果自主性经验和自由意志经验的内容范畴包罗万象，"有意识的意志"这一概念并不能涵盖所有的自主行动经验，从这点就可以了解到，魏格纳的幻觉论实质上犯了以偏概全的错误。

与自由意志相关的现象学视角与第三人称的心理学和神经生物学视角一样重要，魏格纳的幻觉论在很大程度上是由对自由意志现象学不全面的认识所导致的。说某个经验是一种幻觉就是说该经验表征事物的方式不同于事物实际的样子，说关于自由意志的经验是幻觉就蕴含着该经验内容有许多实际上并没有的特点。魏格纳没有合理地探究关于自由意志的经验和现象学视角下的自由意志特点，仅仅根据"有意识的意志"是幻觉就推论出所有的能动性经验都是不真实的，但关于能动性现象学的内容远远不限于"有意识的意志"，所以其幻觉论并不正确。

魏格纳幻觉论的关键要素在于否定关于"意识"的现象学或"意识"经验的可靠性，即自主体认为自身有意识地导致了自身的自由行动，但实际上并不是这样。关于"意识"的经验是什么？或者说有"有意识的意志"经验有多少特征？如果自由意志的现象学包含了"有意识的意志"的经验，魏格纳的结论很有可能是正确的，但如果不包含，魏格纳就将犯以偏概全的错误。因为即使关于"有意识的意志"经验是幻觉，也并不意味着关于自由意志的经验也是幻觉，这就是经验越充实、现象学越厚重，它就越可能被证明是虚幻的，反之，经验越不充实、现象学越薄，它就越不可能是虚幻的。更多、更详细的经验特征意味着会有更多的错误。"如果能动经验强大到包含自主体因果关系的层面，魏格纳就很可能是正确的，自由意志是虚幻的，但我不认为我们的经验包含了像形而上学探讨上一样复杂的二元论或自主体因果力的自我。"①魏格纳考察的对象是关于意识的经验，是有意识的意志的经验，它与导致思想和行动的低层次机制是相对的，这是自主体经验不到的，同样地，我们经验不到意图形成之前和形成之后所发生的事情，经验不到意图和肌肉运动之间的神经活动，经验不到任何因果判断的无意识推理过程，这都是魏格纳幻觉论所认可的内容，但是，这些仅仅意味着我们不能直接内省到表层之下的深层次机制，并不意味着我们的经验都是幻觉，"意识的经验"不能因为经验不到的内容而被否定。

魏格纳要证明其幻觉论为真，仅仅关注关于"有意识的意志"的经验是不够的，不能将有意识的意志的经验武断地推理到自由意志全部的图景中，与自由意志有关的现象学涉及各种不同的经验，它包括慎思和做决定之类的关于心理行动的经验，以及各种关于身体动作的经验，例如，有意图的慎思行动、当下没有意识到自身意图的不假思索的行动和回应刺激的直接行动。要考察自由意志是否存在，从自主性现象学的角度来说，有许多内容和层面具有借鉴作用。

许多哲学家强调目的性是自主性现象学的必要成分。例如，大卫·休谟谈到"当我们有意识地引起关于身体的任何新运动或关于思想的新感知时，我们会感到并意识到这样的内部印象"②。他认为"引起"从根本上是有目的的。同样地，保罗·里科对照行动中关于意愿的体验与关于身体的体验，认为："个人的身体表征为受意愿驱使的身体……"③乌里亚·克里格（Uriah Kriegel）将"关于尝试的经验"描述为能动性现象学的核心，用目的性的术语来说，就是"非感知性的神经支配类，即是一种从意志到肌肉

---

① Nahmias E. Agency, Authorship and Illusion [J]. Consciousness and Cognition, 2005, 14 (4): 776.

② Hume D. A Treatise of Human Nature [M]. Oxford: Oxford University Press, 2000: 257.

③ Ricoeur P. Freedom and Nature: The Voluntary and the Involuntary [M]. Evanston: Northwestern University Press, 1966: 220.

的不能感知到的感觉"。① 谢菲尔德将"尝试的经验"描述为：关于"尝试经验"的指导性特点并非来自任何身体位置，称其为经验性授权并非不正确。但是在这种情况下，授权似乎是源自自主体的。当我有尝试举起手臂的经验时，我就有了迫使我举起手臂的经验。正是这种基本的指导性特征标志着这种经验是尝试经验。②

　　在有意识的行动中，自主体在某种意义上能够经验到自己的活动，这种经验通常被称为"自我作为源头"（self-as-source）现象学，也被称为属我性（mineness）现象学，"你经验到你的手臂，手和手指移动是由你自己做出的，而不是随心所欲偶然地做出的，或者由于自己的精神状态而经验到的"③。属我性经验是自由意志经验的一个重要条件，如果我感觉不到行动是由我自己发出，我自然不会心甘情愿为之负责，"发动者经验对能动性经验而言是必要的，经验到一种行动是自己的行动极有可能意味着经验到自身是动作的发动者"④。属我性的现象学容易被忽略的原因在于，有的哲学家默认目的性现象学中隐含着属我性现象学，然而，如果不谈论属我性现象学，如何区分关于主动举手和偶然抬手的经验？这是关于自我作为动作源头感觉起来之所是的问题。你经验到你自己移动了你的手臂、手和手指，而不是被动地感觉它们是由你自己的精神状态引起的，你体会到你的动作是由你自己引起的，从这个层面上说，属我性是能动性现象学的原初特征，至少在自主体因果关系论者眼里，自我，而不是自我的心理状态或

　　① Kriegel U. The Varieties of Consciousness[M]. New York：Oxford University Press，2015：95.

　　② Shepherd J. Conscious Action/Zombie Action[J]. Joshua Shepherd Noûs，2016，50（2）：421.

　　③ Horgan T，Tienson J，George G. The Phenomenology of First-Person Agency[M]//Walter S，Heinz-Dieter H.（eds.）. Physicalism and Mental Causation.（Imprint Academic），2003：329.

　　④ Bayne T，Levy N. The Feeling of Doing：Deconstructing the Phenomenology of Agency[M]// Sebanz W P N.（eds.）. Disorders of Volition. Cambridge，MA：MIT Press，2006：56.

者事件，作为行动的发起者是自由意志的必要条件，行动属我经验的重要性不言而喻。

另外，在行动中，自主体不仅体验到自己产生了行动，或者有意地产生了行为，还经验到自己以一种本可以不这样做的方式产生了行为，这种选择性的现象学被称为"核心选择性"现象学，正常情况下，当你做某件事时，你会体验到自己是在自由地做这件事，也就是说，做不做全由你自己决定。能动现象学的核心选择性与自我作为来源密切相关，前者可以是后者的重要组成部分。在把自己作为其源头而产生行动的经验中，自主体认为自己能够克制这样的行为，或者至少能够克制自己不故意制造这样的行为。"核心选择性"是区分胁迫经验和自由行动经验的一个重要标准，例如，主动上交钱包和被小偷持枪威胁交出钱包。行动结果相同，但是前者因为有可供取舍的选择经验而具有自由意志。这个条件也是后续章节的哲学探讨中的重要组成部分。

关于"执行"的经验同样不可忽视，它与自主性现象学中的"目的性"构成密切相关。目的性涉及针对某项结果或将其努力指向某项结果，但是自主性现象学常常涉及一种感觉，即人们正在做其打算做的事情意味着不仅是为某个目标而奋斗，而且是成功实现目标的感觉。"执行"经验不同于"目的"经验，李贝特的实验恰恰能说明这一点，受试者报告说，他们在做出任何决定之前显然有"决定"或有"冲动"的感觉。"执行"经验的重要性可以通过它与属我性的经验的区别看出来。例如，异己手综合征（AHS）中，由于对辅助运动区的损害以致行动者对侧肢体运动失去控制，行动者有意识地用那个肢体执行了各种行为，如摘取物体、抓住事物，但是缺乏主观感觉，即行为是他自己的。这样的病人会说："我知道是我做的，只是感觉不像我做的。"①这种情况不是执行自愿行为。在这个案例中，行动者可以在没有属我感的前提下执行某些行为，但这不属于自愿行动。

---

① Marcel A. The Sense of Agency：Awareness and Ownership of Action［M］// Roessler J, Eilan N.（eds.）. Agency and Self-Awareness：Issues in Philosophy and Psychology. Oxford：Oxford University Press，2003：79.

　　自主性现象学的第四个重要方面涉及行动者在行动时对世界、身体以及心理某些方面发生的事情的主要感知经验，也可以称为"意识"。关于行动的知觉经验，涉及两个广泛的领域。第一，涉及知觉经验对行动控制的相对重要性。魏格纳主要批判的对象就是"有意识的意志"，然而有意识的意志作为知觉经验未必威胁到自主体对行动的控制。继米尔纳（Milner）和古德勒（Goodale）在有意识的视觉方面进行开创性的工作之后，以安迪·克拉克（Andy Clark）为代表的哲学家提出，与外表相反，有意识的感知对于行动控制并不重要。"尽管有时似乎是有意识地观察、持续不断地微妙地指导着我们微调的运动活动，但这种在线控制可能很大程度上被转移到了独特的、无意识的视觉输入使用系统上。"①第二，涉及异常因果关系的案例。尽管将意图和行为联系在一起的因果链之间存在异常的因果关系，但自主体有可能会同时经验到属我性和执行，属我性和执行经验在没有感知经验的情况下也可以证明自由意志。

　　诚然，通过总结其自主性现象学的构成不一定能得到关于自由意志第一人称视角下的全貌，但是不难发现，自主性现象学的构成绝不仅仅关涉有意识的意志或决定，魏格纳根据副现象的"有意识的意志"就得到自由意志幻觉论是不合理的，通过对自主性现象学内容的进一步认识，我们发现目的经验、属我性经验、执行经验以及知觉经验都是自由意志的构成，但并不是说要满足所有的条件才能证明自由意志的本体论地位，只是对构成内容更加全面的认识将足以证伪魏格纳以偏概全的不当之处。在此基础上，那米尔斯（Nahmias）更进一步，他借鉴米勒对近端意图和远端意图的区分认为，即使事实证明因为关于近端意图的有意识的经验与我们的行动在因果上无关，所以我们的能动经验被证明是虚幻的，这也不会因此表明我们的所有者（authorship）经验是虚幻的。有意识的意志的经验不同于自主性（agency）和行动所有者的经验，他详细地说明了与所有者和自主性相关

---

　　①　Clark A. Visual Experience and Motor Action: Are the Bonds too Tight? [J]. Philosophical Review, 2001, 110(4): 511.

的现象学，与有意识的近端意图或感觉不同，"所有者"经验包含更广泛的意图和行为。例如，根据每个人自身的现象学，不难发现我们经常执行许多复杂的行动，其中并没有在行动之前形成即时的有意识的意图。相反，在早些时候，我们形成了一个总体计划或一组执行一系列行动的远端意图，然后晚些时候，自动执行这些行动，而且有的行动可能并没有伴随有意识的近端意图。即使没有近端意图，根据远端意图自主体往往也可以经验到自己是这些行为的所有者和来源，更准确地说，我们有关于"所有者"或"自主性"的经验是因为我们在早期有意识地投入这些行为。用"远端意图"的自主性替代"近端意图"的能动性的替代方案推翻了魏格纳的幻觉论，因为关于远端意图能动性的经验证明了自主体关于"所有者"的经验，而这种经验可以在不同程度上被自主体经验到。所以，有意识的意志，如慎思、做决定等作为远端的因素必然对我们的行动有因果作用力，我们可以由此经验到自己是行动的所有者，经验到自主性或自由意志。尽管魏格纳有证据表明我们不是我们想象中的自主体，因为有意识的心理状态不是行动的即时原因，但是我们有意识的心理状态作为远端因果因素导致我们的决定和行动。

第四章　自由意志的本质与作为
模块的自由意志

　　传统二元论将自由意志视为独立于物质实体的心理现象，并认为这种心理现象是第一性的、本原意义上的。从本体论的角度来说，自由意志作为一种心理实体具有不依赖于物质世界的独立的存在地位，唯意志论者就是典型的二元论的自由意志理论代表。与之相反，物理主义中的等同论把自由意志这种心理现象同一于人脑的某种物质运动形式和机能，自由意志走向客观性的极端，沦为如机器一般的行尸走肉。在当代西方心灵哲学中，自然主义占据主导地位，与唯物主义和物理主义相同之处在于，它们都坚持物质的统一性原则，认为一切都是物质的、物理的或科学的，都表明了自由意志的"新二元论"，即自由意志既不是纯意志的心理现象，也不是一种低阶的物质运动机能。对于在当代心灵哲学中占主导地位的自由意志理论来说，可以肯定的是，传统二元论者看到了自由意志具有能动性的一面，等同论的唯物主义①坚持了物质第一性和物理因果规律的封闭性原则，新的自由意志理论可谓对两者进行辩证批判的基础上产生的，阐明二元论和等同物理主义的自由意志理论有利于澄清当代心灵哲学视野中自然

---

　　① 在这里，在坚持物质统一性原则的意义上，"唯物主义""物理主义"和"自然主义"的内涵是相同的，只是指称不一样。

主义占主导的自由意志的本质内容。

第一节 二元论和等同论物理主义的自由意志理论

在标准的二元论中，自由意志和身体或大脑等物质实体有质的不同，它有自己独立的起源和本体论地位。早在原始社会，古埃及人就认为人有一种自由意志，它统一了心智和精神的力，被称为"萨胡"（sahu）灵魂，自由意志是一种心理力。苏格拉底把哲学的视野转向人本身，突出"认识自我"，在此过程中，自由意志由外转向人的主体之内，成为初始的灵魂运动形式。身体充斥着无穷尽的欲望，是受动的复合体，但意志是自动的和自由的灵魂形式，因为"自动者必为运动之起始（始基、本原）"。"一切无灵魂的物体由外力而动，但有灵魂者则自己动，因为这是灵魂的本性。"① 在《理想国》第四卷中，柏拉图提出了人类灵魂的理性、激情和欲望方面的假设。智者努力追求内在的"正义"，在这种状态下，灵魂的每一部分都扮演着恰当的角色，即理性是向导，灵魂是理性的盟友，规劝自己去做理性认为正确的事情，而激情则屈从于理性的决定。没有正义，个人就会沦为感情的奴隶。因此，对柏拉图来说，自由是一种自我控制，通过培养智慧、勇气和节制的美德来实现。自由意志是能够控制道德实践的灵魂，包括理性和感性的内容。在柏拉图和苏格拉底看来，自由意志作为一种灵魂形式是不同于身体的实在，它是"最初的东西，先于一切形体的"②。自由意志来自神那里，由神安排与身体共同组合成人，因而自由意志不同于物质世界中的有形实在，是理念世界中的一部分。

奥古斯丁是古代和中世纪哲学之间的中心桥梁，他在自由意志的本质问题上采纳了神学观点。自由意志是上帝所赐的恩典，人天生就有的，但由于人类滥用意志的自由，所以导致了邪恶。在奥古斯丁看来，就自由意

---

① 叶秀山．苏格拉底及其哲学思想[M]．北京：人民出版社，1986：96.

② 北京大学哲学系外国哲学史教研室．古希腊罗马哲学[M]．北京：商务印书馆，1961：212.

志的本质而言，意志是一种自我决定的力量，没有外在的力量能够决定它的选择，而这一特征是它自由的基础。人类要通过上帝的救赎才能将堕落的意志拯救出来，但他并没有明确地排除意志是由心理因素内在决定的。在自由意志的产生问题上，奥古斯汀除了坚持神创论之外，还认为自由意志相对于身体而言并不是先于身体被创造出来的。托马斯·阿奎那认为意志是理性的欲望，即我们以善为目标，不会朝向恶的方向行动。当我们为了达到善的目标有多种途径可供选择时，意志就是自由的。和奥古斯丁一样，在基督教传统的范围内，这种自由意志是"天赋"的，是不同于物质实在的心理事件。与柏拉图一致的是，自由意志作为一种心理事件是实体性的，而不是像亚里士多德所说的那样，是一种与肉体质料相对的形式。

在实体二元论者笛卡儿眼中，自由意志是判断、调控、反思的心理能力，基于心物二分，自由意志是与身体根本不同的心灵实体。笛卡儿指出，当我们形成信仰时，我们使用两种截然不同的能力，即智力和意志。智力让我们具备认知能力，理解命题内容，掌握它们的意义。有了意志，我们就可以判断这些命题内容的真假和对错，进而主动地拒绝、否定或搁置相关命题。莱布尼茨认为心身是平行的，是"前定和谐"，自由意志是上帝早已安排好的。他继承了笛卡儿的实体二元论，认为心灵与肉体是根本不同的实体，但是他否认交感论。只要推翻交感论，心身二分的矛盾也就解决了。在自由意志的本源问题上，莱布尼茨和以上几位自由意志的二元论者并无太大区别，但与他们不同的是，在解释自由意志的本质问题时，自由意志遇到了一种矛盾，这也是笛卡儿重视的问题，即基于科学的考虑，所有的对象都受决定性的自然法则支配，那么自由意志如何适应这样一个世界呢？莱布尼茨对自由意志的本质看法基于其"单子论"的心身学说。单子没有广延性、没有形状，是不可分的实体，但因为"一切自然变化都是逐步造成的，有的变化，有的不变，因此，在单纯的实体中必须有许多特殊状态和关系"[①]，这种特

---

① 北京大学哲学系外国哲学史教研室．十六—十八世纪西欧各国哲学[M]．北京：商务印书馆，1961：484.

殊状态和关系就是多种多样的"知觉"，无机物的"知觉"不清晰，其构成是
裸露的单子。动物的知觉稍稍清晰一些，所以有联想和简单的记忆功能。
人的知觉最清晰，除了以上知觉之外，还有统觉、理性的反思等高阶的能
动性知觉。

戈次反对自然主义原则下的自由意志，认为自由意志是一种内在的心
理现象，自由意志之所以能够使得自主体发挥选择的能动作用，是因为自
由意志这种心理现象有内在的"心理力"，他认为这种解释才是符合直觉
的、合理的。在戈次眼中，自由意志的内容符合二元论式的自由意志主
义。自由意志赋予人类的选择能力不受物质世界的因果必然性规则的约
束，它本身就是自因，没有物理的或自然的来源或原因，因而自由意志只
能诉诸二元论的目的论解释。具体而言，自由意志是纯粹的主观目的，其
本身具有最高阶的存在地位，它作为一种纯主观的目的，本身就是其发挥
选择作用的原因，它不是物质世界的产物，根本不受物理或自然规则的
约束。

总的来说，二元论者认为自由意志是人类能够反思、判断、控制、调
控自身行动的心灵根基，它有最高阶的存在地位，其原因在于，自由意志
可以不依赖于其他实在而独立存在，而且大多数的二元论者都将其视为实
体，而不是某个实体的一种属性或形式。就其本原来看，自由意志是天赋
或上帝创造的。与其他的存在形式相比，甚至与物质实在相比，自由意志
是第一性的实体。

近代哲学家虽然开始重视科学，企图从自然主义的视角看自由意志这
种心理现象，但是当解释自由意志如何在物质世界产生和发挥作用时，仍
旧没能自圆其说，最终陷入神学的决定论。在自然主义萌芽的近代，在牛
顿力学的影响之下，有一些哲学家在解释自由意志的本质问题时，走向另
外一个极端，即把自由意志当成与大脑或其他物质实在等同的一种低阶的
物质实在，进而形成了关于自由意志的唯物主义心身同一论。在霍布斯看
来，人可以根据自身的愿望和偏好行动而不受任何阻碍可称为自由，意志
是身体这种物质性实体的一部分，它有广延性，与身体的本质相同，自由

意志受因果必然性规则的约束，是决定性的，自由意志的本质性规定根据物质世界的规律变化而变化。卡巴尼斯将自由意志视为一种思想，并将其等同于人的大脑实现。拉美特利则将人的自由意志视为人体机器的一个组成部分，认为自由意志发挥的作用只不过是机器机械性的运转。如果将自由意志视作一种心理现象，费尔巴哈的人本学中可以看到自由意志的存在地位，自由意志是有能动作用的精神或心灵，与身体同一于感性的物质实在之中，由于物质实在是主体和客体的统一，自由意志将非物质性和物质性统一起来。从本质上说，自由意志仍旧是人脑的一种物质活动，是一种客观的物质形式。这些哲学家对自由意志均持有等同的唯物主义观点。这种观点的共同点是，坚持唯物主义的物质统一性原则，认为一切都是物质的或物理的，都遵循物质世界的因果必然性原则，自由意志归根结底是一种物质的运动形式或功能，但它们都局限于牛顿力学的科学范围，对自由意志的认识始终停留在一种低阶的物质实在阶段。

当代神经科学、心理学、物理学、人工智能的发展超越了牛顿力学，人类发现了更多关于大脑的"黑箱"秘密，有一些科学家更加断定自由意志根本不可能是一种独立的精神实体，它就是一种同一于大脑神经关联物或某种物质实在的东西，可以还原为大脑的某种神经关联物或物质世界的实在，神经科学家李贝特和心理学家魏格纳就是这种观点的典型代表。

李贝特的"判决性实验"包含经典的迟半秒实验和否决实验，不管是有意识的"弯曲手腕"的决定还是否决"弯曲手腕"的决定，它们都是一种"有意识的决定"。然而，"有意识的决定"早由在前的无意识的大脑神经机制决定好了，我们感觉到的有意识的控制力是不真实的。意向内容或感受性质层面的"意识"被视为自由意志的构成，通过两者的实验分析可以发现，这种意识是虚假的，原因在于意识同一于低阶的大脑物质实在以及相应的物质活动。在魏格纳的心理学实验案例中，"有意识的意志"作为一种经验仅仅是一种"知觉"，即是说，我们能够感觉到我们控制了、决定了自己的行动，我们感觉到自己有自由意志，但是自由行动的产生却有另外的无意识的物理机制，"有意识的意志"只是幻觉。因此，魏格纳也将"意识"还原为简单的大脑活动。通过李贝特的结论，即大脑神经关联物在前，有意识的决定在后，可以得出自由意志不存在，若自由意志作为一种精神实体，便没有其独立的存在地位，换言之，它本质上是一种低阶的物质实体。没有独立的存在地位，它实质上只是一种低阶的物质实体的映射。

从自由意志的因果作用力角度来看，由于李贝特得出结论认为"无意识的神经活动先于有意识的决定"，因而可以推论，"有意识的决定"在自由行动的因果链中没有实际的因果效力，即使在后面的"否决决定"中找到了意向内容，也不能证明其有因果作用力。相应地，魏格纳将"有意识的意志"概念预设为一种作用力，通过显明因果路径发现我们所感觉到的控制力路径或者说显明因果路径和实际行动产生的因果路径是不同的，由此，在有意识地控制自身行动的层面上说我们有自由意志只不过是我们的一场幻觉。可以说，李贝特和魏格纳都认为自由意志只是一种副现象，这种副现象即是杰克逊眼中的副现象，"从因果关系上来说，经验的感觉性质对物理世界是没有作用的，它只是伴随我们心理过程而发生的一种对这一过程的主观感觉或体验"①。具体而言，自由意志的因果作用力只是人在行动时主观的不真实的感受性质。

总的来说，李贝特和魏格纳认为自由意志包含了"有意识的决定""有意识的意志"，它们又分为两个层面：一是感受性质或意向内容的主观层面；二是它们所包含的因果作用力。从这两个层面总结出自由意志只是人们感觉起来之所是的幻觉，人们实际上并不像自己所感受到的那样可以控制自身的行动，因为真正控制、调控人类行动的是人的大脑神经关联物和相应的机制。由此可见，李贝特和魏格纳的理论依据是一种等同论的物理主义，自由意志可以还原为大脑的神经关联物，与大脑的物质活动是同一的。

这和近代的等同论实质上是相同的，例如，霍布斯认为世界是大机

---

① 　高新民，沈学君. 现代西方心灵哲学［M］. 武汉：华中师范大学出版社，2010：150.

器，世界"只有物体存在，物体由因果关系连接为整体。物体分为两类：自然物体和人工物体。人属于自然物体，人是世界这架大机器中的精巧的小机器；人和钟表一样，心脏是发条，神经是游丝，关节是齿轮，这些零件一个推动一个，造成人的生命运动。人工物体指人所制造的国家，国家反过来又影响了人的行为，因此，国家塑造的人也是人工物体。哲学研究对象是物体，处在因果关系之中的物体。自然哲学研究自然物体，公民哲学研究人工物体，包括研究社会中的个人的伦理学和研究国家的政治学"①。具体到李贝特和魏格纳的案例之中，他们的自由意志危机论认为人属于"自然物体"，这种"自然物体"就像是由一系列部件组成的机器，这台机器作为整体可以还原为单个的部件。自由意志的副现象论意味着自由意志的因果作用也被还原为简单的低阶的机械运动。例如，机械唯物论者霍尔巴赫说："没有一粒原子不起重要的、必然的作用，每一个观察不到的分子摆在适宜的环境时全都产生着奇妙的结果……自然用来推动精神世界的杠杆，乃是一些真实的原子……"在霍尔巴赫眼中："人的一切活动都可还原为机械因果作用，人的生命活动完全受生理规则支配，人没有意志自由，因为他不能脱离自然规则。表面上由人的思想和意志造成的历史事件实际上也受物理或生理规律的支配，只不过我们观察不到发生在人体内的细微的力量罢了，但他们造成的社会结果却是巨大的。"②

　　从自由意志的意向性的经验构成和自由意志的副现象因果作用来看，神经科学和心理学所引发的自由意志危机论实质上是一种唯物主义的类型等同论。李贝特和魏格纳的实验针对的是人类主体的自然层面，他们的观点可以概括为，人只是一种自然物体。就人的产生来说，人是以一种简单的可还原的方式从自然界中演化而来，所以就像人作为整体可以还原其零部件一样，自由意志可以还原为自然界的微观实在，自由意志的作用只是

①　赵敦华，孙熙国．中西哲学的当代研究与马克思主义哲学创新[M]．北京：人民出版社，2011：262.

②　北京大学哲学系外国哲学史教研室．西方哲学原著选读（下卷）[M]．北京：商务印书馆，1982：225.

低阶物质实在的机械组合和运转，所以自由意志只是幻觉，它不仅不存在，而且没有因果效力。即使是基于我们的常识和直觉，也不难发现，这种关于自由意志的等同论过于简单且不合理。一方面，如果人只是以可以还原的简单方式从自然界中产生、发展而来，人就不会成为理性的有道德的高级动物。如果局限于等同论的唯物主义，我们就无法解释人类为什么能够反思、调控复杂的实践活动，无法解释人类改造自然的具有能动性的成果，如人工智能之类的科技创新。另一方面，等同论的唯物主义忽视了社会历史领域的实践活动，以致我们无法理解自由意志何以、如何改造世界，甚至取得社会历史领域各个方面的成就。

第二节　自然的自主性

自由意志的相容论和不相容论分别是站在因果必然性原则和偶然性原则的立场来捍卫自由意志的，它们旨在推翻二元论或等同论的唯物主义解读，这与马克思主义的自由意志思想是一致的。马克思主义视野下的自由意志既不是一种独立的精神实体，也不等同于低阶的物质构成；否则，意识不可能具有能动作用。尽管相容论者和不相容论者作为自由意志问题的两大基本阵营长期以来争锋不断，但是有的哲学家仍旧认为这对解决自由意志问题并没有实质性的帮助。最典型的是，小斯特劳森说自由意志问题过去的形而上学讨论立场已经非常清晰，并没有什么明显的新进展出现。之所以出现这样的质疑，与第三人称的科学视角的探讨息息相关，暂且抛开李贝特的判决性实验和魏格纳的副现象论是否能够真正地引发自由意志危机，我们面临的问题是，是否有科学成果能够证明自由意志的存在和因果机制。量子力学的非确定性既不能说明自由意志存在，也不能说明自由意志不存在，在唯物主义的范畴内，在决定论者看来，根据物理世界的封闭性原则，不存在自主体原因层面上的自由意志，但是非决定论者认为这样的自由意志并不能充分说明人作为自主体对自身行动的控制力，道德责任依旧受到威胁。

接下来的任务即是从科学的第三人称视角探索自由意志的本体论甚至形而上学问题，目前，神经科学的诸多成果不仅使自由意志危机论得到了证伪，还直接证明了自由意志的存在及其因果作用，这就是解决自由意志问题的自然主义方案。它仍旧遵循物理世界的封闭性原则，根据科学的成果深入探究自由意志的产生和作用机制，但它的发展之处在于它与由下而上的机械的可还原的因果关系相对，展示了人类自主体之所以拥有自由意志，拥有对自由行动的控制力，是因为它不是由基础成分简单机械地组合而成的，可能是随附的、也可能是突现的复杂动力系统，自主体在此基础上实施的因果机制也多种多样，它不再局限于过去的还原关系，进而遭受硬决定论者的责难，它可以表现为下向因果关系，也可以表现为标准化的因果关系。在自然主义的策略下，不管自由意志是否具有"自主体作为发起者"的条件，但至少在最低限度的神经哲学视角下，它是自然的自主性。

神经哲学是神经科学和哲学之间的桥梁，要将自由意志问题和神经科学的图景统一起来，就离不开神经哲学这一"桥梁学科"。这种桥梁作用主要有两种方式，"一方面，神经哲学利用神经科学的研究结果来解决哲学问题，或者至少使它们更易于理解……另一方面，神经哲学关注在神经科学自身内部产生的哲学问题"。① 沃尔特旨在通过前一种方式探讨自由意志在何种意义上存在，在一定程度上削弱了神经科学对自由意志的威胁，不失为一种有效的自然主义方案。

一、出发点：自由意志的定义和构成

用神经科学检验自由意志的理论立场不可避免要问检验的对象，即自由意志是什么，沃尔特认为每位哲学家关于自由意志都有自己的思想，而

---

① Walter H. Neurophilosophy of Free Will：From Libertarian Illusion to the Concept of Natural Autonomy[M]. Cambridge：MIT Press，2001：294.

大哲学家康德对很多哲学问题的影响都是巨大的，尤其是对于自由意志这一主题。① 看看康德确立这个问题的方式将对自由意志的讨论有所裨益，正如笛卡儿有关意识的思想通常被用作讨论心身问题的出发点一样，沃尔特也通过类似的方式来使用康德关于自由意志的思想和定义，在此基础之上总结了自由意志的含义和构成，并将其作为自由意志神经哲学进路的出发点。

在康德的著作里，沃尔特发现了三个方面的自由意志：第一，自然法则和自由的决定似乎会相互排斥。第二，自发行为意味着理智的行为，按照原则行事。第三，道德通过起源的观念与可理解性相联系，用实践的语言来说，自由意志和道德甚至是完全相同的。基于此，他总结了自由意志的三个相关特征："自由、能够那样做(being able to do otherwise)、意志(volition)具有一种理智的、即可理解行为的能动性(agency)"，继而对自由意志定义为：如果在一个人足够多的行为和决定中的三个关键条件都能得以满足，那么这个人就有自由意志，或者说完全掌控意志的自由。这个人：

1. 本来能够以别的方式行事(他可以自由行动)
2. 因可理解的理由而行动(意志的可理解形式)，以及——
3. 是他行为的发起人。②

这三个构成是直觉性的，贯穿在大部分关于自由意志的讨论之中，通过对三个成分不同程度的组合，我们可以建立起不同的理论。当第一个条件满足时，经典的相容论成立，因为"既可以这样做也可以那样做"是经典相容论者探讨的核心，如果能够证明该条件的存在，法兰克福将不用规避

① Walter H. Neurophilosophy of Free Will：From Libertarian Illusion to the Concept of Natural Autonomy[M]. Cambridge：MIT Press, 2001：3.

② Walter H. Neurophilosophy of Free Will：From Libertarian Illusion to the Concept of Natural Autonomy[M]. Cambridge：MIT Press, 2001：6.

这一条件转向层序性的愿望解释，对倾向论者而言，这一条件是自由意志必不可少的构成。当三个条件同时满足时，自由意志主义所要求的强版本的自由意志就可证明其存在地位。沃尔特是自然主义者，倾向于自由意志问题的自然主义策略，他重构自由意志的成分和条件的主要目的是用神经科学的成果检验针对自由意志提出的各种解释，考察它们是否符合客观世界的知识，尤其是它们是否符合我们对大脑的认识。

二、最低限度的神经哲学

神经哲学有许多理论形态，例如，激进的建构主义、修正式的取消物理主义、交互二元论等，形而上学的背景假设在各种神经哲学中截然不同，方法论无法统一，不利于获取最终的知识，具体在自由意志问题上，关于自由意志的形而上学探讨都是从第一人称的直觉和理论出发，如果没有统一的神经哲学观点和方法考察，就不能解决各种理论之间无休止的争论。此外，不能完全确定同一个物理关系是否可以被假定对所有心理状态都有效，不同的心理状态表现出与物理状态不同种类的关系，自由意志作为一种心理现象需要用一种确定的心身理论作为基础，否则就会陷入不同的论域而不能探究自由意志本身的面貌。沃尔特强调神经哲学所依赖的学科的共同点，提出一种最低限度的神经哲学方法。

"神经"意味着用大脑来理解生物有机体的心理过程，"最低限度"（minimal）旨在用最少的形而上学背景假设来探讨人本身的自由意志面貌。最低限度的神经哲学的核心观点有三点：

1. 本体论层面：生物有机体的心理过程是由或者说借助神经过程实现的。

2. 限制条件：关于心理过程的哲学分析不应该与当前最佳的大脑理论冲突。

3. 认识论层面：对结构和心理过程动力学的认识可以从对结构和

神经过程动力学的认识得知。①

可以看出，最低限度的神经哲学实质上是为后续自由意志的神经哲学探讨设置了一个方法论标准，它遵循的是物理主义的实体一元论，心理状态作为一种属性在本体论上和解释上都可以还原为物理属性，即心理状态依赖于大脑进程并通过大脑实现，通过研究大脑进程，我们可以分析出关于心理状态和自由意志的一部分内容。可还原的心理状态如何从大脑进程中产生并发挥因果作用？沃尔特认同霍根的观点，即复杂的物理主义必须由随附性关系来解释，只有当我们发现随附关系且解释随附关系本身时，属性或因果关系在解释上才可以还原。最低限度的神经哲学使得我们在形而上学的问题上达成了共识，在此基础上，沃尔特便可以专心利用神经科学的知识着手分析自由意志的三个构成，而不用纠结于用何种神经哲学理论去分析问题，他将心理状态对物理状态的随附性关系作为自由意志神经哲学的一个恰当出发点。

三、自然自主性

如果决定论世界中的混沌在事实上是神经系统中普遍存在的现象，那就可以解释为什么我们在相似的情况下会做出不同的选择，也可以解释面临多种可供取舍的选择，我们为什么并不总是选择同一条路，混沌意味着多种自然选择对我们开放，我们的思维不是固定的而是灵活的，它反映了我们所经验到的自身的"可以那样做"的能力，准确地说，混沌过程有利于解释"那样做"的非决定性能力和灵活度。

"可理解性"，即行动根据理由解释可以被理解，是自由意志问题中最困难的部分，也是过去讨论较少的部分，沃尔特认为它与意向性的因果关

---

① Walter H. Neurophilosophy of Free Will：From Libertarian Illusion to the Concept of Natural Autonomy[M]. Cambridge：MIT Press，2001：132.

系密切相关，也就是与理由如何具有因果力的问题密切相关。一方面，对于二元论者来说，人类属于第二个可理解的世界，这就产生了一个问题，即这个世界如何能够在第一世界和自然世界中产生因果效应。与意识紧密相连的可理解性概念通常被认为证明了自由的决定不是由过去的事件注定的，而是在理性的帮助下做出的。另一方面，非决定论很难与可理解的行动的概念相容。所以，如果不引入理性二元论，就很难在理论上理解可理解性，唯一的选择是设计一个关于可理解性的自然主义理论。

关于自由意志的第三个构成部分"能动性"，沃尔特考察了主要的不相容论和相容论。他拒绝了不相容论中的自主体因果关系理论，不认为自主体作为原动者发挥能动作用。层序性的相容论围绕着同一性的概念展开，同一性是指自主体将意愿转化为自己意志的过程。根据其神经哲学的论点，同一性实际上并不像理论所假设的那样纯粹是情绪机制的结果。反之，情绪分离机制解决了传统同一性理论的倒溯问题，因为关于这一机制有具体的神经生物学假设，即前额叶皮层的背外侧部分在模拟未来的反事实情况时很重要，腹内侧部分则将心理样本行动纳入评估回路，这个回路连接着情绪中心、身体和它的神经元表征。身体状态的变化以及它所引起的感觉包含着主观的、依赖于经验的评价方面。因此，以情绪为中心的观点阻止了纯粹的理性反思以倒退告终。情绪同一性的过程尽管在认知上不透明，但在关于行为是否与自己的过去一致这一点上却是有效且高效的一种测试，它可以测试自我相容性，沃尔特将这种情绪同一性称为"能动性的真实性"。神经元层面的自我的身体是自我模型的必要基础，在这个模型中，在人的一生中，其他更复杂的关于自我的认知模型会在人的一生中整合起来。①

沃尔特认为自由意志可以是幻觉，但由于人可以做出道德上负责的行动，人可以凭自己做出不同的具有因果必然性的决定，因此人身上存在着

---

① Walter H. Neurophilosophy of Free Will [M]// Kane R. (eds.). The Oxford Handbook of Free Will. 1st ed. New York：Oxford University Press，2002：575.

自然自主性或自然自主作用，这就是他所指的关于自然自主性的实在论。过去讨论常涉及的自由意志的三个方面，即自由、可理解性和行动的发起者合在一起便是一种幻觉，即人身上没有自由意志主义层面上的自由，自由意志主义意义上的自由意志是幻觉，或者说，理性二元论所说的那种与大脑过程无关的实体性的自由意志不存在。过去所说的实践理性不是大脑中起作用的实在，它充其量只不过是基于某些大脑机制的能力，自我决定的行为不只是理性考虑的结果，因为我们在决定时既依赖过去的学习，又离不开情绪的作用。沃尔特承认自主作用的存在，但它是符合自然主义方案的作用或实在，因此从神经哲学的角度看，人身上有根源于大脑机制的能力，可称作"自然自主性"。

第三节　自主体复杂的自适应动力系统

一、突现

复杂的动力系统理论基于神经生物学成果说明自主体的原因作用，人从自然界突现而来，形成具有多层次的复杂自适应系统，进而使得人作为自主体对该系统的各个部分和人的行动实施有效的下向因果关系。突现是自主体形成的方式，也是理解下向因果机制的基础。

自主体因果关系的代表人物蒂莫西·奥康纳在说明自主体因果力的过程中向突现属性求助，他认为，"突现的事物与它们的基础并不同一，突现是自主性的共性特点"，他从三个方面总结解释了突现的自主性。首先，"非聚集性"是突现的关键，"聚集性"是指系统各个部分的"结合性、交换性、交替性、线性以及在分解和重聚合情况下的不变性"，而"非聚集性"则与之相反，它是指独特的、自组织的群体层面的行为，如蚁群和成群的鸟类，其中个体的相互作用突现了群体所拥有的特性，这些特性是单个组成部分所没有的。其次，多重可实现性可描述突现实体的自主性，这种自主性是"不依赖于任何具体实现的基础属性的实现"。第二种描述突现实体自主性的方法是通过不依赖于任何具体实现的基础属性实现的。物理实现依赖于基本属性,但实现了的功能属性和过程与各种可能的实现属性是一致的,例如,头疼与不同的神经状态是一致的,物理实现的方式是多重的,它依赖于在某个范围内的某些物理属性或过程,而不依赖于任何特定的特征。实现即是功能,这意味着突现的自主性具有多种功能。除了"非聚集性"和"多重可实现性"之外,突现实体不仅和其基础属性不同,它的因果效力也大相径庭。弱突现论者通常否认突现实体有任何根本的新力量,理由是这种新力量将直接或间接地产生某种基本物理结果,违反基本物理领域的因果封闭性原则。然而,独特的力并不需要拥有一种新的力。与之相反,强突现论者通常会利用突现实体引入全新的因果力量,这种力量是它们较低层次的物理基础所不具备的,这些通常被认为是高层级特性本身的力量对它们产生的结构有下向因果作用,不管是强突现论者还是弱突现论者,突现的自主性都有一种与其构成不同的力。①

如果说奥康纳在总结突现的特点时有其自由意志主义的倾向,克雷顿(Clayton)关于突现的解释则是从客观的问题出发,他将人类能动性的第一人称视角和科学的图景进行对比,从中看到了还原论和等同论的不足。可还原的因果关系并不能解释自主体作为原因控制自身行动的复杂性,但如果转向二元论又必须诉诸神秘的非物质的灵魂。他在坚持自然主义的前提之下,不得不求助于突现,并强调突现可以调和意识内容、自主体和科学客观世界之间的关系。② 他总结了八种突现的特点:"一元论"(monism)、"层级的复杂性"(hierarchical complexity)、"无统一的突现法则"(no monolithic law of emergence)、"各种突现层次的模式"(patterns across levels of emergence)、"下向因果关系"(downward causation)、"多元主义的突现

①　O'Connor T. Emergent Properties [EB/OL]. (2020-8-10) [2021-2-27]. http://plato. stanford. edu/entries/properties-emergent/.

②　Clayton P. Mind and Emergence: From Quantum to Consciousness [M]. New York: Oxford University Press, 2004: III.

论"（Emergentist pluralism）、突现的"心灵"（'mind' as emergent）。① "一元论"是指有一个由物质构成的自然世界，这是突现的原则和本体论地位，实质上就是马克思主义所坚持的物质统一性原则，但鉴于希腊人眼中的唯物主义并不将物质与思想对立起来，所以将其命名为一元论。"层级的复杂性"和"突现主义一元论"紧密相连，世界的结构是分层的，复杂的单位由简单的部件构成，这些复杂的单位进而又可以构成更复杂的实体。这种层级结构在不断构建，随着时间的推移而发生，例如，达尔文进化论由简单变得越来越复杂，其原因在于层级构建过程中出现了新的实体，由此被称为"突现主义一元论"。"无统一的突现法则"即是说"突现"是一个家族相似性术语，许多突现过程的细节，例如，从一个层次突现到另一个层次的方式、突现层次的性质、程度等，都取决于当前的突现实例。"各种突现层次的模式"是指大多数实例都有这样的相似性，假设有两个层级 L1 和 L2，L1 在前，L2 依赖于 L1，以致如果 L1 中的状态不存在，L2 中的状态就会消失。此外，L2 是 L1 发展到足够复杂的时候的结果，当 L1 的复杂性达到某个临界点时，系统将开始显示新的突现属性。再者，人们有时可以根据自己对 L1 的了解预测一些新的突现属性的出现。但是仅仅根据 L1 将无法预测这些状态具体的情况，以及它们的运动规律、性质和在适当的时候可能会产生的突现程度。另外，不管在因果、解释、形而上学还是本体论的意义上，L2 都不能还原为 L1。"下向因果关系"是突现的因果机制，L2 上的现象对 L1 所实施的因果作用不可还原为 L1 的因果历史。这种因果不可还原性不仅是在认识论意义上的，还是本体论意义上的，即这个世界的本来面貌就是它产生了一种系统，这种系统的突现属性彼此或对其下一阶次发挥了独特的因果影响。如果我们接受本体论应该遵循能动性的直觉原则，那么突现的因果能动性案例就能合理说明自然历史中的突现对象，如有机体或自主体。下向因果关系并不意味着突现论是绝对的二元论，它

① Clayton P. Mind and Emergence：From Quantum to Consciousness［M］. New York：Oxford University Press，2004：60-62.

意味着突现论是多元化的，突现论认为不同的层次发生在同一个自然世界，不同层次上的对象在本体论上是原初的，而不是更低层次基本粒子的聚合体。说是二元论是因为某个层面上有思想的突现，但这不能代表所有层面上都有突现出来的对象。突现的"心灵"针对的是传统的一元论，传统的一元论认为心理属性和物理属性之间不存在因果关系，因为它们是一个东西的两个不同方面。从本原的意义上说它是自然主义的一元论，突现的"心灵"是在本体论的角度给予心理因果作用独立的存在地位。基于以上分析，与其说克雷顿是在分析"突现"的特点，不如说通过对"突现"的地理学探矿说明了意识的难问题，即在唯物主义的前提下，意识作为心理属性如何从物理属性中产生出来？这恰恰启发了自由意志主义要回答的问题，即非决定论条件下的自由意志如何从物理世界中产生和发挥作用。

威廉·纽瑟姆（William T. Newsome）不认为科学否认了自由意志的存在，关于如何协调自由意志和科学所提倡的因果决定论关系问题，他说："答案在于对复杂系统中突现现象的深层次理解。"[1]他眼中的"突现"指向能够对行动实施下向因果关系的宏观层面的"复杂集合体"，复杂集合体从它的构成中突现出来，不可还原，以致不能根据单个构成的状态推论出整体的因果行动，复杂集合体在更高层面对低层次的构成实施的下向因果关系不受单个构成的属性或规则的约束，因而是一种不可还原的因果关系，突现赋予了宏观集合体一种下向因果力，使得该集合体有行动的自主性，对于人类这样的生物体来说，即是能够做出有意义的选择。[2]

他以"神经元网络"为例说明突现现象（如图 4-1），"类神经元"计算单元有许多层级，各层相互连接，每一层单元的活动都会影响它上一层的每

---

①　Newsome W T. Human Freedom and Emergence [M] // Murphy N, Ellis G F R, O'Connor T. (eds.). Downward Causation and the Neurobiology of Free Will. New York: Springer, 2009: 53.

②　Newsome W T. Human Freedom and Emergence [M] // Murphy N, Ellis G F R, O'Connor T. (eds.). Downward Causation and the Neurobiology of Free Will. New York: Springer, 2009: 55.

个单元，每个既定的低级单位对上一级单位的影响强度由一组"权重"控制，这些权重决定了每一对单位之间链接的有效性。在神经网络的初始状态下，控制这些链接的权重被任意选取，所以有的链接强，有的弱，进而从最低层开始输入，在最高层输出。在反向传播网络中，有一个被称为"教师"的软件实体，它随后会识别实际输出是否与期望的输出相似，并相应地调整计算单元之间所有链接的权值。经过多次的输入-输出-调整循环，网络"学会了"为既定输入产出正确的输出。这种神经网络可以完成极其艰巨的任务，但是传统的计算方法采用程序员指定的精确的数学算法，很难完成这些任务，如机器人领域的语音、模式识别。最后，网络可以被训练来解决一个极其困难的问题，设计网络并建立规则的人类程序员却可能根本不知道问题是如何被解决的，程序员可以向我们展示单个计算单元之间的权值模式，它在某种程度上体现了解决方案，但我们对于解决问题的核心，即计算原则始终一无所知。①

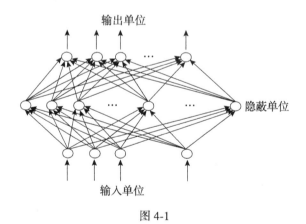

图4-1

这个例子充分说明了突现的含义，突现是高层级的整体系统从低层级

① Newsome W T. Human Freedom and Emergence[M]// Murphy N, Ellis G F R, O'Connor T. (eds.). Downward Causation and the Neurobiology of Free Will. New York: Springer, 2009: 57.

的构成中产生出来的一种高阶方式，它不同于还原方式，即使我们了解了关于各个部分的所有规律和属性，也无法由此简单地推论出整体系统的因果作用。就像一个电子组装技术人员，他可以把元件焊接在一起，创造出一个功能齐全的电子电路，但他可能不知道这个东西作为整体、在高的层次上会如何工作，实际上，技术人员只是遵循电路工程师的设计，而电路工程师正是在生产功能电路时"向下"因果控制的关键所在。与我们的电路工程师一样，包含在网络突现结构中的智能解决方案并不是副现象，更确切地说，它是下向因果控制的关键所在，能够解决实际中复杂的问题。复杂系统的高阶交互作用类似于达尔文的选择机制，即各种不同的事件通过有机体行为目标的选择性过滤器影响每个有机体，学习过程中目标和选择的相互作用在生物系统中创造了不可还原的高阶信息。①

决定论者通常会责难我们，如果遵循因果决定论，自主体的行动都是由微观的物理属性决定好了，在作为行动发起者的意义上，我们没有自由意志或自主性，就像这个"神经网络"案例，因为网络的每个方面，包括学习过程的每个步骤，都是由因果关系决定好了的。既定的计算单元之间有相同的原始权值集、相同的学习算法和来自环境的相同输入集，网络每次运行时将通过完全相同的一系列步骤产生完全相同的解决方案。然而这只是因果法则学的一部分，决定论对因果关系的认识较为贫乏，神经科学家不能仅凭分子间的因果交互作用去理解认知现象，如注意力，就像计算机科学家也不能仅凭单位间的交互权值去推断神经网络的运作一样。在某些复杂的层级上，系统行为的主要驱动因素是系统在更高级别上的固有的逻辑规则，人类的自由行动作为复杂的动力系统基于突现对行动有下向因果力，由此人类具有行动的自主性，具有自主性层面的自由意志，而"自主性是人类自由的本质"。

---

① Ellis G F R. Physics and the Real World[J]. Foundations of Physics，2006(36)：227-262.

二、复杂动力系统的因果机制：“限制”的下向因果关系

首先，“复杂自适应系统的典型特征是积极的反馈过程，过程中所产生的结果对过程本身是必要的”。与亚里士多德相反，这种循环的因果关系将自主体作为自身行动产生的原因。其次，系统的各个部分相互作用产生整体，最终产生的整体又反过来影响其部分的行为，各层次间的因果关系相互发挥作用。“某些动态过程之间的相互作用可以创建一个具有新属性的系统级组织，而不是构成更高层次的简单组件的总和。”这种突现系统的动力学不仅决定哪些部分可以进入系统，即调节和约束较低层次部分的行为，还显示了一种高级的因果关系形式，康德曾困惑于这种因果关系形式是“我们所不知道的”①，因为结果不是由单个部分的简单组合所导致的，原因不可还原。复杂的动力整体对它的部分实施积极的力，进而整体系统得到发展，理解这种动力系统就可以理解亚里士多德最终原因的概念，理解自因。

既然整体系统对其组成部分实施的是积极的力，而不是机械决定论的力，各层次间的因果关系如何运转？复杂的动力系统理论认为这种因果机制是一种“关于限制（constraint）的运作”②。

朱莉罗借鉴了盖特林（Gatlin）的区分，将限制分为两种类型：与语境无关的限制（context-free constraints）和语境敏感型限制（context-sensitive constraints），前者不受语境的限制，有等概率性，后者相反，它将之前独立的部分关联成一个系统的整体，当这个复杂的、完整的整体形成时，各个部分就会依赖语境而相互联系，它们所嵌入的新的组织系统就会将语境敏感型限制强加在自己身上。催化剂、反馈回路、生物共振和夹带都例示

---

①　Juarrero A. Dynamics in Action：Intentional Behavior as a Complex System［M］. Cambridge：MIT Press，1999：6.

②　Juarrero A. Dynamics in Action：Intentional Behavior as a Complex System［M］. Cambridge：MIT Press，1999：131-162.

了语境敏感型限制。① 从下往上看，语境敏感型限制物标志着总体层面自我组织的阶段性变化。换言之，总体层面上的自我组织就是限制系统各构成部分的语境敏感型限制物，以前分离和独立的部分突然相互关联，从而成为一个系统中相互依赖的组件或节点。即使它们约束了各种可供取舍的选择，也同时打开了新的可能性。一个系统越复杂，它能表现出来的状态和属性就越多，新的特征和规律会伴随更高层次的组织而出现。例如，当氨基酸自下而上地自组织成为蛋白质时，蛋白质可以执行氨基酸本身所不能执行的酶的功能。从上往下看，作为语境限制物，总体动力系统的动力学反过来关闭了一些对构成部分开放的行为选项，因为这些部分并没有被纳入总体系统。例如，一旦变成蛋白质，氨基酸发现它们的活性受到了限制，尽管还是作为蛋白质的一部分，但是它们的活性与它们自身却不同。

根据语境敏感型限制物重新定义心理因果关系可以从根本上改变我们对行动的思考，人类的大脑是一个自组织的、复杂的自适应系统，它可以用语境敏感型限制物对刺激进行编码。例如，"每个皮质模式都是从微观波动中突现出来的耗散结构"就表明这是一个可信的假设。② 大脑可以自行决定什么是有意义的刺激，什么是无意义的噪音。"神经元之间以及整个神经系统和环境之间的非线性反馈、共振和夹带（语境敏感限制）是神经元群体连贯行为的自组织的原因。"就像所有的自组织结构，由神经活动连贯而成的突现动力学整体展现出新颖的、惊人的属性，这些属性是由语境限制所导致的神经自组织产生的，进而，有意识的、特别是有自我意识的存在突现出来，并具备信念和愿望。由于所有复杂自适应系统的总体层面限制了其各个构成的行动，当有意识的大脑自组织动力学机制开启、限制、规范了身体行动的过程时，自由的行动便形成了，这个行动随即也具有了嵌入复杂动力学机制的意向性内容。这种自由行动与牛顿原理不同的是，

---

①　Gatlin L. Informntion Nnd the Living System［M］. New York：Columbia University Press，1972.

②　Freeman W. Societies of Brains：A Shldy in the Neuroscience of Love md Hnte［M］. Hillsdale，NJ：Erlbaum，1995：51.

它更高层次的神经组织不是一个简单的触发装置。自组织复杂自适应过程的总体动力学机制是自上而下地约束其组成部分，即行为的运动过程。然而，作为语境限制物，系统的动力学机制并不像牛顿的力那样是即时发生的事件。某个意图的限制将嵌入亚稳态动力学，它具有意图的神经生理组织的特点，因此不会立即脱离。相反，作为大脑的运行者，这些语境限制通过即时修改低层次神经过程的概率分布将为行为提供持续的控制和方向，这样一来，自主体就有许多可供取舍的选择，可以选择这样做或那样做。

意向性行动中存在自由意志，自由意志在行动中实施的是下向因果关系。主要体现在以下三个方面：

1. 由于自组织系统选择了他们所回应的刺激，由上而下受限制的行为逐渐自主，不受外界环境的影响。自组织系统从它自身的视角行动，这个系统整体结构性越强，它的组织和它的行为就更复杂，越与外界环境去耦，简言之，就越自治、越有自主性。

2. 在第二种层面上的"自由"，有机体越复杂，它就越自由，原因是它同时有不同的和新的路径状态。

3. 更重要的是，人类的意向性行动在这样的层面上是自由的，语境限制物控制了最复杂的神经组织层面，这些层面约束着意义、价值和道德。即使这些层面关闭了所有的选项，他们同时又会大量释放新的价值和道德选项。①

自主体之所以能够自由行动，是因为它本身就是具有复杂结构的系统，该系统由其各个部分构成，但这并不意味着是由各部分简单的叠加形成，这个复杂系统是由各部分突现出来，也就是说，该系统是自因的，不

---

① Juarrero A. Dynamics in Action: Intentional Behavior as a Complex System [M]. Cambridge: MIT Press, 1999: 249.

可还原为单个的构成。当微观的自我组织成分构成总体的系统时，由于它是突现的、不可还原地构成的，因此它具有复杂的属性和结构，它作为一种整体的语境限制物，实施下向因果力，面临多种可供取舍的选项，可以这样选择或那样选择。从这个意义上说，复杂的自适应动力系统理论说明了自主体的控制力，它说明了一种辩证的决定论，一方面，它借助生物学的成果，遵循自然规律；另一方面，从意向性行动的解释出发，不承认机械的可还原的因果关系，发现了突现的自主体和高阶的下向因果关系。这种辩证的决定论既在自因的自然主义层面上捍卫了自由意志的存在地位，又从下向因果关系角度解释了自由意志在行动过程中的因果作用力，给予机械性的硬决定论狠狠一击。

第四节 "标准化"的自由意志

一、标准和标准化的因果关系

"标准"（criteria）是一组输入条件，可以以多种方式在不同程度上被满足。标准是评估事物时的一个方面或维度，类似于基准或参考点（如"静息电位"，the resting potential）。标准不是命题式的规则，规则是指令式的标准，标准相当于入学的分数线，只有分数线达到才可被接受。就神经元的例子而言，标准是在细胞内被评估的电位，一旦通过电位层面上的物理阈值，神经元就会被激发。①

"标准化的因果关系"（criterial causation）是"一种信息处理和信息层面的层序性的神经元的因果关系。其核心过程是这样的，一个信息层面的前突触行动电位引发后突触行动电位，而该后突触神经元在下一个信息层面又作为前突触神经元引发又一个后突触神经元。此外，神经元也可以灵活

---

① Tse P. The Neural Basis of Free Will：Criterial Causation［M］. Cambridge：MIT Press，2013：22.

而快速地改变其他神经元的重量和其突触暂时性的综合属性，而且不用触动那些神经元上的行动电位。这个和其他物理机制完成了输入的编码，进而使得神经元在未来发挥作用。这里的编码则改变了神经元所设置的物理和信息标准，即使轴突的触发阈值保持不变。事实上，突触过滤式地修改物理过程可以改变突触的'上亲和性'。在既定的神经元网络的情况下，从所有可能的电路集合中有效地雕刻出一个临时电路。一个给定的神经元可以属于许多不同的上链，这取决于它每时每刻的'上亲和性'"①。

二、标准化因果关系中的自由意志

标准化因果关系的代表人物奥瑞克(Ulric)认为严格意义上的自由意志需满足四个条件："第一，多种对我们开放的物理或心理行为；第二，我们可以从这些行为中选择；第三，我们一旦这样选择了一种行为，也可以反之那样选择另一种行为；第四，选择不是受任意性驱使，而是由我们自身来决定。"②这也是自主体因果关系所为之辩护的自由意志立场，但是自主体因果关系是一些哲学家否定自由意志的理论基础，标准化的因果关系使得神经元改变的是未来心理事件的物理实现，避免了心理的东西如何从物理的东西中自我实现的问题。它之所以否定自我引起的事件，是因为"自主体因果关系不适用于改变做出未来决定的物理基础"。③ 它改变的是当下决定的物理基础，这样一来，标准化的因果关系在基于物理主义的原则之下通过设立标准巧妙地消解了自主体因果关系的实现问题，从而使得自由意志的存在变得可能。

---

① Tse P. The Neural Basis of Free Will：Criterial Causation［M］. Cambridge：MIT Press，2013：23-24.

② Tse P. The Neural Basis of Free Will：Criterial Causation［M］. Cambridge：MIT Press，2013：133-134.

③ Tse P. The Neural Basis of Free Will：Criterial Causation［M］. Cambridge：MIT Press，2013：136.

标准化的因果关系居于极端的决定论和基于随机性的自由意志消极论之间。它不是机械的决定论,而是具有多重实现性,其本质是多对一的映射输入和输出。当然,尽管标准因果可例示多重可实现性,但并不是物理系统中多重可实现性的所有实例都表现出标准化的因果关系。奥瑞克认为行动者可以预先设定标准,当这些标准在未来的某个未知点得到满足时,行动者就会自动并自愿地行动。行为或选择产生之时,这些标准是不能改变的,但是因为标准是可以提前改变的,所以我们可以自由决定在不久的将来我们将如何在一定的范围内行动。因此,在标准因果关系框架内,自由意志是存在的,它为自由意志提供了一条路径,在这条路径上,大脑可以在特定类型的未来输入,以决定下一步它将如何表现。这个输入可能是未来的几毫秒甚至是几年。

三、自由意志的三阶段神经元模型

图4-2是标准因果关系的原型序列,其根据是神经元放电的物理标准的设定和重置。这里的三箭头表示的是物理标准因果关系,双箭头表示非标准的物理因果关系,单箭头代表心理的东西对物理事物的随附。$P1_1$,$P1_2$,…,$P1_i$ 等多个神经元在 $t1$ 时刻动态地向 $P2$ 输入,达到标准 $C1$,$C2$,…,Cj 时,$P2$ 在 $t2$ 时刻启动,随即信息 $M2$ 就被实现了。与此同时,$P2$ 可以改变多个神经元在 $t3$ 时和 $t3$ 后的放电标准。

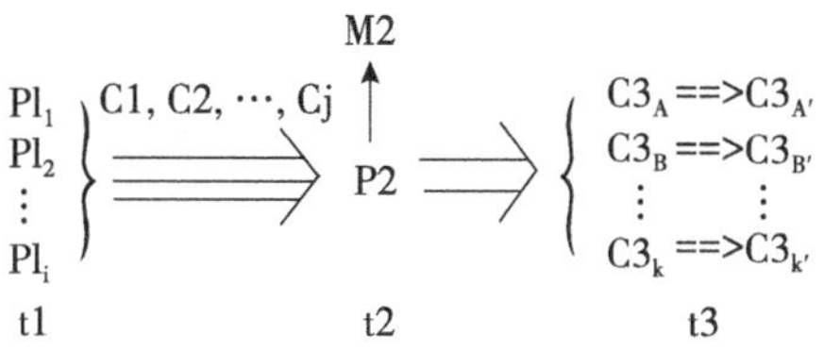

图4-2

这里具体可分为三个过程,首先,新的物理或者信息标准基于先前的物理或心理过程于 t1 时刻在神经元回路中被设定好，部分是通过快速的突触复位机制，该机制有效地改变了对后突触神经元的输入。然后，在 t2 时刻，本质不同的输入到达了后突触神经元。最后，在 t3 时刻，物理或信息标准达到与否将导致后突触神经元发动与否。

未来的神经元活动实现的是标准化的因果关系，而现有的活动遵照的是下行因果关系。在命题层面上，就像神经元一样，行动者做出的决定是标准化的，它受制于驾驭随机性所固有的创造力，并最终通过达到标准的充分性阈值而产生。例如，就音乐家莫扎特而言，为了满足莫扎特预设的标准，如快乐的音符，首先他的大脑可以产生大量的音乐序列；然后执行电路可以在其中选择满足这个标准的各种音符，但由于系统中的可能噪音，不能保证他会选择与最佳序列相同的序列。低级系统甚至可能不会为执行考虑而生成相同的音乐序列，因为它们反过来通过为自己的低级输入设置标准来生成可能的解决方案。以此类推，即使在最低的层次，也可以利用噪音来产生新的解决方案，以解决系统中更高层次所带来的问题。然而，这种选择并不完全是随机的，在这个例子中，它是由莫扎特的神经系统在寻找快乐旋律时所建立的标准决定的。这符合上述自由意志概念所要求的一切严格条件，而不落入自主体因果关系下的自由意志陷阱。

当然，更严格意义上的自由意志含义会追问最原始的标准问题。就这个意义而言，我们不能完全自由地做出选择，最初的标准必须由我们的遗传及其环境的作用来确定。在某种程度上，必须由我们的身体或心理组织满足这些标准。我们无法选择我们做出决定时的一些最初的基础，我们不能自由地确定出生时的初始先天条件。基因赋予行动者的是实现特定结果的潜力，而不是将要实现特定结果的潜力。也许我们不能选择悦耳的音乐内容，但是我们可以选择我们听什么。莫扎特不能决定优美的音乐本身，但他最终创作的作品是在达到了其神经系统预设的标准基础之上由他的神经系统独自塑造的。

第五节　自我界限的实证标准

自我之于自由意志而言是头之于人的关系，自我的界限问题是进入自由意志心灵哲学问题的门槛。具体而言，对自我的不同理解会影响到行动的源头问题，进而可能对自由意志构成威胁。如果行动的因果链最终完全避开了自我，那么自我对于行动而言是副现象的。例如，"我吃冰淇淋"这个行动中的"我"，究竟是否指向我的大脑状态或心理状态？如果大脑和心理状态都是自我的一部分，那么自我就在该行动中发挥了选择作用；如果它们不是自我的一部分，而是外部环境的两个方面，那么自我的自由意志就会遭到质疑。

一、自我与自主体

既然自我的概念影响自由意志的形而上学图景，它直接关系到我们对自主体的理解，那么只有弄清楚自我的含义和构成，才可以回答自由意志在何种程度上存在。当自我拥有选择权，甚至说有自由意志时，自我就可以等同于自主体，就"自我"本身而言，自我的身体概念（bodily conception）是指自我所包含的肉体的一切，即大脑、脚、手臂、皮肤等都是自我的一部分。这个概念源于尼采，他说："我完全都是肉体，并无其他；灵魂只是肉体里某个东西的代名词。"奥尔森（Olson）和威廉姆斯（Williams）发展了这种观点，他们认为人类的本质是具身形性的有机体，从根本上说人类就是动物。如果坚持这样的自我概念，只有身体导致了某个结果的产生，自我才能作为行动的原因。

在身体和心理二分的前提下，自我的心理概念与身体概念相对，认为肉体的一切都不属于自我，是外部事物，只有心理的东西（如信念、愿望）才是自我的一部分。既然只承认心理的构成，那么认为行动都是由非心理过程导致的科学将默认自我是副现象的。

与上面两种概念的视角完全不同的是自我的执行概念（executive conception），即心理状态不是构成自我的一部分，而是当时情景之下的几个方面，在这里，自我跳脱出来，拥有长官一样的角色，综合考虑各种心理状态之后做出最后的指令。这一概念源于里德提出的自主体（agent）概念，他说："我不是思维，我不是行动，我也不是感觉；我是能思、能做、能忍受痛苦的东西。"①由此可知，心理状态是自主体（自我）在做出选择时考虑的一个方面，而不是自我的构成，这样一来，心理状态只是自我作为原因的一个必要非充分条件。

二、视角转换下的自我

前面几节的自我概念分析主要聚焦于自我和身体以及心理状态的关系，是否将身体或者心理状态归属于自我的一部分将决定自我是否能做出行动的决定。诺布（Joshua Knobe）和尼科尔斯（Shuan Nichols）利用实证研究求证直觉猜想，认为自我、身体和心理状态的关系依赖于人们所采用的视角。

他们从现象学的视角出发，基于直觉做出如下假设：以约翰这个人物为例，当我们放大视角，从宏观的角度看，我们不能否认约翰的大脑属于约翰的一部分，但将镜头聚焦，就某个具体的选择情境而言，例如，约翰昨晚因为突然摔伤骨折，决定不去学校上课。在这个例子中，我们不会关注约翰的大脑是约翰的一部分，而是认为约翰嵌入了这个选择情景，而他的大脑则是该情景的一个方面。这同样也适用于心理状态，例如，约翰在考试中因为过度紧张焦虑最终发挥失常，得了低分。远镜头看，焦虑和紧张是约翰的一部分，但近距离思考，这两种消极的心理状态并不是约翰的一部分，而是他当时所面临的艰难处境的两个方面。他们说：

---

① Reid T. Essays on the Intellectual Powers of Man［M］. Cambridge：MIT Press，1969：341.

1. 当他们把画面拉远来考虑更广泛的语境时，他们会将约翰的情感视作约翰自我的一部分，进而得出结论认为约翰自我本身导致了结果。

2. 当他们将画面拉近来分别考虑行为时，他们将采用这样的概念，即约翰的情感并不能算作他自己的一部分，他们的结论是约翰没有导致结果。①

三、四个实证研究

诺布和尼科尔斯进而用四个实证研究证明其直觉猜想的准确性，其方法是，向受试者呈现许多案例，在这些案例中，很清楚的是约翰的身体或心理状态导致了某个特定的结果，然后受试者需回答他们是否同意是"约翰"本身导致了那个结果。

第一个实验让受试者分别对"选择—原因"（choice-cause）案例和"情绪—原因"（emotion-cause）案例用数字 1~7 给出自己同意或者不同意的程度，前者是"假设约翰快速眨眼是因为他想要给房间那头的一位朋友传递一个信号，请告诉我们你是否同意'约翰导致了眨眼'这一论述"，后者是"假设约翰快速眨眼是因为他是如此惊讶而沮丧，请告诉我们你是否同意'约翰导致了眨眼'这一论述"。② 结果发现，大多数受试者们同意"选择—原因"中的论述，但在"情绪—原因"案例中采用自我的"执行"（executive）概念，他们不认为约翰导致了结果，将约翰视为可以考虑不同情绪然后行动的进一步的实在。换句话说，人们认为，约翰的心理状态导致了一个结果，但是约翰本身并没有导致这个结果，因此人们并没有将约翰仅仅视为他的心理状态的全体。

---

① Knobe J, Nichols S. Free Will and the Bounds of the Self[M]//Kane R. (eds.). Oxford Handbook of Free Will. 2nd ed. New York：Oxford University Press, 2011：543.

② Knobe J, Nichols S. Free Will and the Bounds of the Self[M]//Kane R. (eds.). Oxford Handbook of Free Will. 2nd ed. New York：Oxford University Press, 2011：544.

第二个实验分为两个案例，"案例一，因为约翰考虑请求老板给他升职，所以他的手颤抖了，你是否同意约翰导致他的手颤抖了"①，案例二，把案例一中结论处的"约翰"改成"约翰的想法"，最终结果是，大多数受试者认为是约翰的想法导致了他的手颤抖，而不是约翰自身，与实验一相同之处在于他们都采用了自我的"执行"概念。

第三个实验则是这样一个场景，即"假设约翰有手臂神经上的疾病，他突然抽搐，而后他的手把桌子上的眼镜推掉了，当眼镜撞击地板时，一阵噪声发出来"②，问题是约翰的疾病情况是约翰的一部分吗？尽管手臂抽搐在时间顺序上是噪声产生的原因，但是受试者的答案是，约翰是噪声产生的原因，而不是手臂抽搐的原因，根本在于受试者采用的是视角转换下（shifting perspective）的自我概念，具体而言，越是从广泛的视角或语境看，越能发现该疾病状况是约翰的一部分，越是聚焦考虑，越是认为该疾病不在约翰自身的范围之内。

第四个实验则是结合了实验一中的"选择—原因"（choice-cause）和"情绪—原因"（emotion-cause）行动类型变量以及实验三中的聚焦（zoom-in）和放大（zoom-out）视角变量。在聚焦案例中，受试者被要求观察"一只蜜蜂停留在约翰手边，约翰的手抽走了"③，问受试者是否同意约翰导致他的手移动。在情绪—原因的条件下，案例内容同样是在聚焦的视角下，只是"手抽走了"换成了"手颤抖了"。在放大的视角下，案例内容的设置基本一样，但增加了这样的内容，即约翰的手抽走或颤抖后，打翻了一杯牛奶，受试者需判断是否同意"约翰导致牛奶洒了"，用1表示不同意，用7表示同意，1~7表示程度，结论见表4-1：

① Knobe J, Nichols S. Free Will and the Bounds of the Self[M]//Kane R.（eds.）. Oxford Handbook of Free Will. 2nd ed. New York：Oxford University Press，2011：545.

② Knobe J, Nichols S. Free Will and the Bounds of the Self[M]//Kane R.（eds.）. Oxford Handbook of Free Will. 2nd ed. New York：Oxford University Press，2011：546.

③ Knobe J, Nichols S. Free Will and the Bounds of the Self[M]//Kane R.（eds.）. Oxford Handbook of Free Will. 2nd ed. New York：Oxford University Press，2011：548.

表 4-1

	聚焦	放大
选择—原因	6. 10	4. 95
情绪—原因	3. 95	5. 48

由表的数据分析可以看出，就纵向的视角对比，聚焦情况下两种原因的结果差异比放大视野下大出许多，人们将距离拉近看，发现约翰在选择抽走手的情况下而非情绪驱使的情况下导致手移动。但将语境放大时，不论约翰是选择将手抽走还是颤抖，约翰本身都是导致牛奶洒了的原因。总的来说，自我的概念取决于他们所采用的视角。

四、自由意志是否存在？

根据诺布和尼科尔斯的实证结论，就方法论的角度来说，人们的直觉通常所采用的视野更广泛，自主体的选择是基于信念愿望和价值所作出的，而这些信念和愿望是自我的一部分。但是从认知科学的方法出发时，由于认知科学关注整个选择过程的模型，所依赖的视角更狭窄。在认知科学中，自主体的心理状态是自主体面临选择情景时的因素，不是自我的一部分，自我成了多出来的实在(further entity)。①

对于自由意志而言，自我的界限关系到自我是否为行动的原因，自我是否拥有自由意志。如果站在广泛的语境下，采用自我的身体或心理概念，认为身体或心理的各种状态是自我的一部分，那么自由意志的存在是可能的。但如果采用认知科学的方法，以画面拉近的方式考察心理状态，自我就不是行动的原因，这对自由意志构成了威胁，这一视角从侧面揭露了魏格纳和李贝特意志怀疑论的错误之处在于其采取的视角是狭隘的，不

---

① Knobe J, Nichols S. Free Will and the Bounds of the Self[M]//Kane R. (eds.). Oxford Handbook of Free Will. 2nd ed. New York：Oxford University Press，2011：551.

能全面反映自主体的自由意志。

第六节 作为随附—多功能模块的自由意志

"模块"这一概念范畴在本体论的视域下总结了关于自由意志的心灵与认知的科学成果。它总结了相关的科学成果，又在"形而上学"的层面上窥探了"自由意志"本身的面貌。基于以上关于自由意志的心灵与认知成果，笔者认为自由意志在本质上是具有多种功能属性的模块。自由意志模块不是一种抽象的存在，它随附于低阶的物质实在，是从其构成的基础实在中突现出来的高阶的整体系统。

首先，是否存在"自由意志"模块？在当今心灵哲学或者心灵与认知的研究成果中，模块不仅是一种本体论的概念范畴，它还成为一种概念范式。例如，魏格纳在证明"自由意志只是一场幻觉"时所依据的就是模块的副现象论。魏格纳基于认知科学的成果将自由意志自然化，坚持了唯物主义的原则，认为自由意志是一种物质实体。这种关于自由意志的实然考察视角是笔者所认同的。但是，其副现象论之所以否认了自由意志的因果作用力，是因为魏格纳将自由意志还原为低阶的模块。所以，魏格纳的自由意志幻觉论的症结就在于其模块的副现象论，他对于模块的认识过于简单。此外，利用"模块"概念说明心理现象的例子也非常多，例如，当代心灵哲学在说明信念、愿望等民间心理学的概念时建构了相应的民间心理学模块。这一范式随着神经科学、认知科学的发展不断地被证实，福多提出，心灵是由许多子模块构成的复合系统。子模块是具有能动性的、信息封装、强制调控的认知系统，能动性说明了自由意志这种心灵模块具有领域专门化的特征。

自主体作为一个整体系统有许多子模块。目标就是自主体模块中的一个子模块，这里的目标不同于纯意志的主观目的，不是没有物质根基的心理现象，它是自然主义原则之下被自然化了的心理实在，它是人类在实践过程中或改造自然的过程中进化而来的。它有物质的本原，所以不同于自因或自在自为的目的。这种目标是"神经元的达尔文主义"式的，即是说，它是自主体本身在生物有机体的层面上进化而来的。自主体的目标模块承载着信息，例如，相信打伞可以防雨的信念和想要做某事的愿望，目标可以引导愿望或匹配、协调实际状况和愿望之间的差异，然后将匹配后的新信息反馈给其他的子模块和自主体模块的总系统，以决定自身想要的相应的行动。自主体是更高层级上的系统实在，他在行动中所拥有的目标是自然化了的信息，从本质上说，自主体从物质世界突现或随附出来之后，作为拥有复杂结构的高阶系统，目标是行动者成为自主体的一个重要特征，但这种信息目标不是纯主观的心理现象，它是突现或随附物理主义的产物，这种目标作为一种唯物主义的心理现象解释了自主体为什么在物质世界中拥有自由意志，这种信息目标体现在自适应的和非自适应的下向信息控制中。

态度和信念可以被自主体感知，但是某些决定或行动并没有被感知到，即它们有隐形的态度神经网络。那么，这种选择或决定是如何实现的呢？这就有赖于情感模块。情感模块承载着态度和信念的信息，它与神经网络的放松状态有关，表现为一种复杂的自适应大脑状态。这种模块使自主体有一种要做符合道德行动的感觉或情感，它与理性的选择相反，不允许自主体有时间去思考选择或行动的可能性，往往让自主体出于直觉做出某个行动选择，因为自主体认为那样选择是对的。这种模块与其他模块的不同之处在于它区分了感觉和思维，其他模块本质上在自主体系统中发挥的都是理性的选择或控制作用，而情感模块说明人类的感性情感对行动也有相应的认知机制。艾略特、福瑞斯和多兰通过实证证明自主体在做决定或选择时，有喜怒哀乐等情感的反馈，对应着大脑中腹内侧前额叶的激活。控制任务越困难，该区域的活动更强烈。[①] 这可以说明情感模块对决定起着重要作用。基于对这种模块的认识，沃尔特提出了"真实性"

---

① 　Elliot R, Frith C D, Dolan R J. Differential Neural Response to Positive and Negative Feedback in Planning and Guessing Tasks[J]. Neuropsychologia, 1997(35)：225-233.

（authenticity）的自主体理论，通过这种理论，我们可以证明个人归属的行为和决定的合理性，即当一个人不仅合理地反映自己的行为及其后果，也将它们作为一个有特殊历史和经验的人所占有。这个想法与一个人的历史起因于遥远的过去事件的观点相一致。我们不应依据其发起行动的能力来描述人，而是要将他们目前的状况和历史结合起来以形成一个连贯的整体能力来判断。道德感情形式的次级情感在道德相关的决定中起着重要的作用。

"标准模块"的实质就是一种选择门槛，只有通过设定好的"标准"，才能进入门内。标准模块有两种，第一种发生在下向因果作用之中，其标准是自主体的高层级的总体系统，低层级的实在或变体达到不断变化中的总体系统的标准属性，而自主体总体系统的变化又是通过低阶变体属性的相互作用实现的，在这个过程中，有的低阶变体达不到自主体模块的标准就被淘汰了，有的能够适应自主体总体系统的环境被选择进入下一轮。这是"适应因果过程"的标准模块，它可以解释人们为什么这样做而不那样做。第二种的选择作用不是下向的，即是说，它并不蕴含在自主体的高阶总系统之中。它的标准在低阶构成和高阶系统的相互作用中形成并寓于神经突触的准备电位之中。这种标准因果关系在发生时间上与前者也有所不同，它是历时的。如果说标准的形成过程是下向因果关系，那么标准的选择或规范作用针对的是未来的神经突触的因果作用。

作为一种标准模块，其子模块不只针对一种功能，其中，目标模块的基础是被嵌入了的自然化的目标，它说明的是自主体行动的愿望，即想要做什么。但是有些子模块不仅仅具有一种功能信息，它还有选择的信息，在多种可供取舍的选项面前，有这样做而不那样做的偏好或取舍，这就是标准模块所承载的主要功能，当多个子模块相互作用时，例如，目标模块和标准模块相互作用，目标、选择、控制等多种信息复合而成为一个新的子模块，这种模块由于具有多种功能信息，可称为复合模块。

从来源来说，自主体模块有先天进化的因素，它随附于基础的、低阶的子模块之中，并与其子模块构成互相作用，突现形成新的整体模块，自由意志作为整体模块的属性不可还原为子模块的属性，而且该属性随着它们的相互作用和突现的产生方式也不断更新变化。自主体的子模块在产生之前，有相应的先天进化而来的"原型模块"统筹大脑中的神经模式，维护生物有机体的总体稳定状态，以备拥有具体功能的子模块产生。在先天进化因素的基础上，后天的社会化因素促进了自主体模块的发展，使其具有新的特征。①

理解自由意志模块突现和随附的产生方式才可以理解自由意志为什么能够作为一种高阶的心理实在存在，而且还能够导致自主体自由、能动地掌控自身的行动。先来考察"突现"，从字面上看，突现（emerge）意为"出现""显露"，它不同于一般的"出现"，所产生的结果与构成是异质的，用力学的术语来说，它是一种"异质路径"，犹如这样的化学反应，"$CH_4 + 2O_2 \rightarrow CO_2 + 2H_2O$，这些结合在一起起作用的反应物所导致的结果就不是每个作用之结果的总和，而是一个全新的事物或属性。"②自由意志和自主体就是这样的"新事物"。自由意志不是由基础的物质属性简单地拼接而来，而是从其构成属性中突现出来，形成"异质"的自主体整体系统。意识作为一种机能之所以能够发挥能动性，是因为它不可还原为基础的大脑神经关联物，它是异质的心理现象，意识经验作为一种突现的功能属性与具有功能的脑无法脱离联系。

自由意志作为异质的心理现象以突现的方式从物质世界中产生，具体来说，这种突现方式具有非聚集性、可多样实现性、层次结构的复杂性。"非聚集性"是自由意志主义的代表人物蒂莫西·奥康纳提出的，为了证明非决定性条件下或偶然性的自由意志，他诉诸自主体在实践行动中的原因作用，这里的原因作用是指导致行动产生的决定性的或源头性的因素，与理由的非决定作用相对，他所认为的理由是指一系列的心理事件，因此最

① 高新民. 自我的"困难问题"与模块自我论[J]. 中国社会科学，2020(10)：155-156.

② 高新民. 心灵与身体：心灵哲学中的新二元论探微[M]. 北京：商务印书馆，2012：345.

终提出了其自主体-因果力理论，自主体因果力赋予了自主体能动自由地行动的能力。该理论的困境在于如何证明自主体在非决定论条件下拥有自主体-因果力，为了解决这一问题，他支持唯物主义突现的产生机制，认为自主体或自由意志是由物质世界突现进化而来。其中，他看到突现是非聚集性的产生方式，非聚集性是针对整体系统的构成而言，"聚集"意味着系统的构成以堆积木的方式形成整体，堆成的积木成品和单个的积木块有相同的属性。但是，"非聚集性"恰恰与之相反，例如，虫的产生就是米通过非聚集性的方式产生出来。米含高淀粉和高蛋白，在潮湿的环境中，加上适宜的温度，就生了虫。可以说，虫是在米中突现出来的，因为淀粉、蛋白质和水、温度的属性并没有"聚集性"地组合在一起以积木塔的方式呈现，而是以非聚集的方式以虫这种新的物质形态呈现出来。

自由意志的产生也是同样的道理。在纽瑟姆提出的神经网络案例中，自由意志作为整体系统并不能还原为单个的大脑神经关联物，神经元的计算单位之间的相互作用由"权重"来操控，并不是所有的神经元以相同的比例或相同的有效性链接成一个新的整体，两个神经元之间的权重越大，意味着这两个神经元之间的"亲和度"越强。突现的"非聚集性"推翻了李贝特的自由意志危机论，因为虽然神经关联物在"有意识的决定"之前，但是它们并不是一一对应的线性关系，自由意志不能还原为神经关联物的构成，所以不能根据神经关联物先于"有意识的决定"就得到自由意志没有因果作用或自由意志不存在的结论，自由意志是神经元单位以"非聚集的方式"产生出来的。

"可多样实现性"针对的是自由意志功能的多样性。自由意志源于人脑神经元单位的选择、调控功能，基于"非聚集性"方式，单个神经元的简单的选择能力并不能代表自主体总体系统高阶的理性反思或基于道德伦理约束的调控能力，原因就在于低阶单位在突现的过程中其构成方式是多样的，神经元之间可以根据各个单位之间的"上亲和性"组成新的自主体整体系统，该整体系统也可以通过"排斥""筛选"的方式突现出来。在标准因果关系之中，达到"标准"的神经突触才可以引发下一个行动电位的运行，

"标准"模块具有客观的意向信息，它可以通过神经元之间的排斥作用方式筛选出新的属性或实在。这也是理由和理由回应理论所支持的方式，人类可以基于正确的道德伦理标准做出理智的决定，通过回应真善美等理由而实现行动，自由的自主体就是通过"规范""排斥"的方式突现而来。当然，理由和理由回应理论身为新相容论的代表是没有看到这一点的，他们坚持决定性的条件，即一一对应的可还原的函数关系，所以其对自由意志的拯救只能停留在自主体如何回应道德理由的层面，而不是深入自主体理由回应能力的突现根基，进而遭到自由意志主义者的苛责。总之，自主体神经元系统中有角色的分工，既有朋友式的互相融合，也有"教师"对"学生"式的引导或筛选。

层次结构的复杂性也是突现的一个重要特征。在机械唯物主义还原式的产生方式之中，我们也可以看到整体由部分有结构地组成，从功能的角度来看，绝大多数机器有动力系统和执行系统。自主体结构的复杂性在于自主体结构在突现的过程中就出现了新的实在，我们可以通过这些基本结构预测自主体所拥有的大概的控制能力，但是由于过程中新的突现属性的不断更新和变化，我们不能准确地预测究竟是何种控制和调控，可以确定的是，突现的唯物主义过程赋予了人类自然性的能动作用力。如果法兰克福能够看到这一点，其有层序结构的愿望将不会陷入无限倒退的理论困境，因为在将愿望与真实的自我同一的过程中，形成有效的意志是一种不可还原的新的心理现象。

自由意志随附的产生方式并不能将其作字面意思的理解，"随附"（supervene）不意味着自由意志是物质世界或行动经验的附带品，"随附"不是副现象论。随附是自由意志产生的另一种高阶的复杂方式，它是"那种不同于'等同''还原''决定'等概念但与之有某种微妙关系的复杂的依赖、依变、协变关系"[1]。

---

[1]　高新民. 心灵与身体：心灵哲学中的新二元论探微[M]. 北京：商务印书馆，2012：384.

自由意志随附的产生过程包含四种情况，即"协变""决定""依赖"和"非还原性"。自由意志是能在宏观层面调控自主体行动的自适应复杂系统，它的产生和变化是随着其基础的神经元构成或物质实在的相互作用而产生变化的，即是说，自由意志依赖于其构成的属性。"协变""决定""依赖"都说明了这样一个道理，这几乎是所有唯物主义者或物理主义者所坚持的原则，因为唯物主义或物理主义都认为一切都是物质的或物理的，一切物质都遵循因果闭合性原则，这也是李贝特和魏格纳形成自由意志危机论的基础。然而，随附与突现一样，其复杂性就在于兼备非还原性，典型的例子就是麦克唐纳（MacDonald）提出的魏德曼-弗兰茨规律。金属相同的电极在因果上必然导致相同的导热属性，但是金属的导热属性却不可以还原为导电性，从解释上说，"因为"和"所以"的关系不是模态的。

这种非还原性所包含的具体内容与自由意志的突现方式内容是一致的，非聚集性、可多样实现性以及层次结构的复杂性的核心都在于不可还原，即整体和部分之间有依赖和协变关系，但是系统并不是各个部分简单的聚合、单一的组合或部分之间泾渭分明的结构。正是因为自由意志不可还原为其部分的构成，所以才能成为不同于其物质构成但仍旧有能动的因果反作用力的心理现象。从这个层面上说，自由意志突现的根源和随附的唯物主义根源处于非还原论的同一阵营，突现论可看作对非还原物理主义的第一个系统阐述。诚然，突现论和随附论在非还原阵营中有地位的差别，例如，克兰（Crane）认为根据突现的属性观点就足以解释自由意志这样的心理现象，但是金在权坚持突现的方式是以随附为基础的，随附的解释作为一种最低限度的唯物主义在解释自由意志时既保护了自由意志作为心理现象的能动作用，又能避免自由意志成为笛卡儿式的二元论的实体。就连麦克劳林都承认突现离不开随附的解释，随附是突现的必要条件。金在权在关于随附性的因果性难题中重构了因果封闭性原则，即只要自由意志有因果解释，这个解释中一定包含一个物理解释。诚然，金在权保留了因果闭合性原则，捍卫了随附解释自由意志这种心理现象在物质世界中的地位和因果作用。然而，笔者认为，因果闭合性是原则性的，但也不是绝对的，一定程度上的因果松弛并不能完全否定因果闭合性原则，过程中的因果松弛经过发展也会变成物质世界中因果闭合性规则的一部分。在这里，我们将悬搁突现和随附的地位比较问题，重要的是，自由意志既可以通过突现的方式也可以通过随附的方式从物质世界中非还原性地产生出来，这种心理现象将赋予自主体不同于机械唯物论者眼中的能动的因果效力。

第五章　自由意志和决定论及其关系问题

除了自由意志的本质问题，自由意志在行动中的作用问题也是心灵哲学关注的一个重点。自由意志对行动究竟有没有因果作用？作用的机制是决定性的还是非决定性的？这些问题都是自由意志对行动的解释问题，解决这个问题实质上就是解决自由意志和决定论的关系问题。决定论认为一切事物都处在因果必然的联系之中，所有的行动结果都有相应的原因，不存在没有原因的结果。如果走向硬决定论的极端，自由意志就会陷入等同论的唯物主义，自由意志就是副现象的，对行动没有因果作用。如果在坚持因果必然性的原则下承认自由意志的地位和作用，就是一种相容路径。如果自由意志在导致行动产生的过程中有偶然性的因素，自由意志就是非决定性的。非决定性与量子力学的启示一脉相承，在承认自由意志遵循自然因果规律的同时发现有"不确定性"和"概率"，自由意志简单的非决定论说明了非决定性条件下的自由意志也能够导致人类的自由实践行动。

第一节　决定论和非决定论

决定论告诉我们，所发生的一切事情都是过去的自然法则和世界状态的必然结果。根据决定因素的种类，可以将决定论大致分为心理决定论和物理决定论。在物理决定论中，如果将自由意志同一于物质实在，严格遵循物理的因果闭合性原则，自由意志对行动的因果作用就是有限的，它像导火索一样，只是触发行动最终产生的机关，自由意志的存在地位至多只是一种虚幻的主观感觉或感受性质，这与李贝特判决性实验和魏格纳的副现象论是一致的。自主体的所有行动都是由自然规则和过去的世界状态决定的，自主体不再是其行动的最终因果源头，也没有选择做或不做、这样做或那样做的力。自由意志将受到威胁，道德法律责任将成为无源之水。心理决定论认为自由意志在行动的过程中有其独立的本体论地位，它是信念、愿望、意图等心理因素及其心理事件。进一步考察这种心理因素或心理事件的本原，二元论认为自由意志是关于精神的纯意志的事物，另一种思路是将其还原为物质实在的本原，自由意志对行动的因果作用仍旧是唯物主义范畴内的，遵循因果必然性原则，只是自由意志发挥的作用种类不同。这种思路与硬决定论的不同之处在于自由意志作为心理因素有一定程度的存在地位。

相容论批判物理的硬决定论，提出一种关于自由意志和决定论之间的中间路线。相容论者既不否认因果决定论，也承认自由意志的存在。相容论至少经历了三个发展阶段，[①] 第一个阶段主要是以经验主义者霍布斯和休谟为代表的经典相容论，经典相容论者关于自由意志的观点源于他们对自由的看法，他们认为自由不过是自主体在没有障碍的情况下做他想做的事的能力。霍布斯的相关表述最典型，自主体自由的条件是"做他有意愿、有愿望或倾向做的事情时没有阻碍"[②]。因而，对经典的相容论者来说，自由意志是能够做自己想做的事的能力。在这个层面上，可以顺理成章地说，决定论的真理并不意味着自主体缺乏自由意志，因为决定论并不意味着自主体永远不会做他们想要做的事情，也不意味着自主体在行动中必然受到阻碍。但当遇到精神病人的案例时，这种解释就不那么有说服力了，精神病人也会按照自己的意愿去行动，如果因此我们就说他有自由意志，

---

① https：//plato. stanford. edu/entries/compatibilism/#ClasComp.

② Hobbes T. Leviathan ［ M ］//Flatman R E, Johnston D. (eds.). New York：W. W. Norton & Co., 1997：108.

需要为其行动负责，显然是荒谬的。不相容论者抓住这个要害指出，这是因为经典不相容论者对自由意志的条件或构成解释不充分，"能够那样做"（do otherwise）的条件是必要的，如果决定论是真的，在任何既定时间内一个不受阻碍的行动者的愿望被决定好了，这些愿望随意地决定了他的行动，即使他做了他想做的事，也不是出于自由意志而行动的，因为他不能选择"那样去做"，经典相容论问题的核心在于没有充分解释决定论条件下自主体对行动的控制能力。

为了回应这一问题，经典的相容论者试图用条件术语来分析自主体"既可以这样做，也可以那样做"的能力，他们把这种能力当作一个条件，这个条件报告了自主体在某些反事实的情况下所做的事情。假设自主体出于自由意志行动，在他行动时，他可以做 A 而不做 B，即是说，只要他想做 A 而不是 B，他就可以做 A 而不是 B，这就是将"既可以这样做也可以那样做"包含在反事实的真理之中。经典相容论者认为条件分析为自由提供了一幅丰富的图景，在评估一个行动者的行为时，他们准确地将那些行动者想要执行的行动与那些行动者想要但不能执行的行动区分开来，即是说，它有效地区分了那些在行为发生时，自主体能力范围内的行为和没有能力去做的行为，以此来界定自主体可以自由做的事和不能自由做的事之间的区别。然而，这种分析没有充分解释在决定论的前提下为什么自主体"可以那样做"，尽管自主体做了自己想做的事，但由于受因果决定论的制约，他如何"既可以这样做也可以那样做"？有的哲学家如齐硕姆会反驳说，在自主体行动时，由于没有可供取舍的选择，因而不能那样做。

面临这一诘难，法兰克福避开决定论和自由意志的相容论问题，转向捍卫决定论和道德责任的相容，他提出即使自主体没有"那样做"的能力，也要为其行动负责，"多种可供取舍的选择的可能性"（principle of alternative possibilities，PAP）[1]不是道德责任的必要条件，因而也不是道德责任条件下自由意志的必要构成。PAP 也可以通过反事实的力（counterfactual power，

---

[1] PAP 和"既可以这样做又可以那样做"的含义在相容论者眼里是一致的。

CP）表现出来：

> 反事实的力（CP）：自主体只有在本可以避免执行 A 的情况下，才对他执行的 A 有自由意志。[①]

PAP 和反事实的力共同构成了"既可以这样做也可以那样做的能力"，法兰克福通过举反例证伪这一能力的必要性，最经典的例子是，布莱克是一名神经科学家，他可以按照自己的意愿操纵自主体琼斯的选择。琼斯并没有意识到布莱克的存在，布莱克在旁边观望琼斯如何选择，如果琼斯的意愿和布莱克的选择一致，布莱克就不会有所反应，但如果琼斯的选择意愿与布莱克不一致，布莱克就会从中干预，这样一来，琼斯没有"既可以这样做也可以那样做"的能力，但有一种情况是，当琼斯的意愿和布莱克一致时，他是在没有任何干预的情况下做的选择，他是出于自身的自由意志行动的，所以他必须为自己的行动负责。这个反对自由意志 PAP 条件的观点和论证是相容论发展到第二阶段的重要标志，[②] 为当代的新相容论的发展进路奠定了基础，不管是法兰克福后续第三阶段提出的层序性理论，还是费舍尔的理由回应理论都离不开对这一观点的继承发展。另一派新相容论者与法兰克福不同，走了一条坚持 PAP 条件的道路，认为 PAP 是自由意志的必要条件，他们根据自主体的倾向性的因果属性解释自由意志，形成了倾向性的相容论。

在证明自由意志存在、如何发挥作用的道路上，与相容论相承接的占有重要地位的形而上学理论就是自由意志主义，它所承认的自由意志不仅要求行动者有多种选择，既可以这样做，也可以那样做，还得包含"深层次"的意志自由，行动者做出的选择必须源于行动者自身，行动者必须是

① Berofsky B. Compatibilism without Frankfurt：Dispositional Analyses of Free Will [M]//Kane R.（eds.）. Oxford Handbook of Free Will. 2nd ed. New York：Oxford University Press，2011：153.

② https：//plato. stanford. edu/entries/compatibilism/#ClasComp.

行动时相关信念和愿望的最终力量。自由意志主义与相容论的相同之处在于，两者皆承认自由意志的存在地位，但是就存在程度而言，自由意志主义走得更远，其所支持的自由意志要求行动者是其行动最终的决定性力量。但是，它与相容论最大的不同在于，认为自由意志与决定论是不相容的，当然，这并不代表它走向了另外一个极端，即硬不相容论，只承认决定论，而不承认自由意志的存在地位和因果作用，因此，它也面临着双方的诘难，其核心问题在于，既然自由意志与决定论不相容，那么自由意志何以可能？人们拥有何种意义和程度上的自由意志？

在现当代自由意志讨论中，自由意志主义坚持三个基本立场："（1）自由意志和决定论是不相容的（不相容论）；（2）自由意志存在；（3）决定论是错误的。"①根据自由意志主义立场的构成，自由意志主义者首要的任务就是解决为什么自由意志和决定论是不相容的问题，解除决定论的威胁，与相容论立场划清界限，该问题可称为"上升问题"（ascent problem）。接下来便是"下降问题"（descent problem），即我们如何理解非决定论下的自由意志，在非决定论的前提下，自由意志如何不陷入随意性或运气之中，如何对行动发挥作用？②用沃森（Waston）的话说，"自由意志主义的困境"（libertarian dilemma）指自由意志既然与决定论不相容，那又怎么会与非决定论相容呢？③非决定性的探讨是量子力学的必然要求，即非决定性实质上是必然性中的偶然性，非决定论条件下的自由意志探讨实质上是必然性与偶然性相统一的自由意志讨论。

严格的决定论意味着在前的事件具有绝对的预见性，即原因和结果之间是相对简单的一对一的函数关系，但是非决定论的魅力就在于单个的原因对应着不限于一个的可能未来结果。在同样的历史条件和自然规则的前

①　Kane R. A Contemporary Introduction to Free Will[M]. Oxford: Oxford University Press, 2005: 32-33.

②　Kane R. A Contemporary Introduction to Free Will[M]. Oxford: Oxford University Press, 2005: 34.

③　Watson G. Free Will[M]. New York: Oxford University Press, 1982: 10.

提下，如果行动者这样做而非那样做，那么没有包含在这些历史条件和自然规则中的一些额外的因素必须解释这个行动结果的差异，解释为什么行动者这样做了而没有那样做。排除了运气和随意性的因素，因为在前的条件和规则是一样的，所以解释这种差异只能诉诸行动之前行动者的情况，这种策略被称为"额外因素策略"（extra-factor strategy），具体而言，自由意志主义者为了解决"下降问题"，解释非决定论条件下的自由意志如何可能，便引进一些额外的因素，例如，自然主义原则下的自主体、事件、本体论中的自我。根据是否采取额外策略以及所诉诸的策略的不同，主要有两种不同类型的自由意志主义理论形态活跃在现当代心灵哲学领域，即心理事件的因果解释以及自主体的原因作用解释。

第二节 层序性愿望的相容论

一、层序性的愿望："源头上的"自由意志

法兰克福根据对"愿望"的分层来解释人在决定论条件下的自由意志。"一阶愿望"是有行动对象的愿望，比如吃一块饼干，看一场音乐剧之类。大多数的"一阶愿望"是无效的，例如"一个人想对老板说他明知道不该说的话"，在引导自主体行动方面没有发挥任何作用。法兰克福将自主体有效的一阶愿望称为意愿（will），它贯穿于自主体行动的始终，驱使自主体的行动，比如"这个人想要按老板的要求办事"。许多生物都拥有一阶愿望，但唯有人"具有反思性的自我评价能力（reflexive capacities），这种能力体现在二阶愿望的形成中"①。

一方面，有些自主体仅仅拥有一阶愿望，一阶愿望并未构成他的意志。法兰克福以心理治疗师为例，心理治疗师希望体验对毒品的渴望，以

① Frankfurt H. Freedom of the Will and the Concept of a Person [J]. Journal of Philosophy, 1971, 68(1): 7-10.

便更好地了解患者。但治疗师不想上瘾，不希望这种愿望能有效地促使她采取行动。他只想知道对毒品的渴望是什么感觉，但不想接受它。① 另一方面，一个人所具有的其他二阶愿望是关于有效一阶愿望的愿望（will），这些愿望将构成他的意志（volition），从而有效地使他一路行动。例如，因为对糖上瘾而沮丧的节食者希望有对健康更有效的方法，这种愿望在指导她的饮食习惯方面非常有效，法兰克福将这个关于健康的二阶愿望称为二阶意志。理论上对愿望的高度排序没有限制，在这个示例中，节食者可能在他的二阶意志基础上产生了三阶愿望，即在"二阶愿望"的基础上又可形成新的"二阶愿望"，它们统称为"高阶愿望"，这些"高阶愿望"的对象不是行动，而是低阶愿望，它是关于低阶愿望的愿望，例，如果我想要有每天读书的动力，我每天早上就会很容易从被窝里面爬出来。就高阶愿望所承载的主体而言，比起低阶愿望，尽管拥有高阶愿望的主体数量有限，但是高阶愿望不足以成为区分人类和其他生物体的特点。人类的特点在于形成高阶愿望的能力，这些高阶愿望的内容是从一阶愿望或低阶愿望中挑选出来的自主体的意愿，法兰克福将这些高阶愿望统称为意志（volitions）。自由意志和责任要求我们评估我们的一阶愿望或动机并形成"二阶意志"，其内容是关于哪些一阶愿望会导致我们采取行动。根据法兰克福的说法，当我们的"意志"使我们行动的一阶愿望符合我们的二阶意志时，我们就是自由的。从这个意义上说，我们"认同"了我们的意志，愿望实际上对行动实施了有效的作用力，由此，自由意志取决于我们的一阶愿望和高阶愿望之间的某种"啮合"或匹配度。由于该理论基于对愿望的分层，所以这种理论通常被称为自由意志的层序性理论。②

但是，层序性理论与决定论相容，它根据不同层次愿望之间的啮合来定义自由意志，不需要针对这些层次中的任何一个愿望，无论每一阶愿望是否决定性的，无论我们如何拥有意志都没有关系，重要的是，当意愿决

---

① Bishop R C. Chaos, Indeterminism, and Free Will[M]// Kane R. (eds.). Oxford Handbook of Free Will. 2nd ed. New York：Oxford University Press, 2011：84-87.

② 徐向东. 理解自由意志[M]. 北京：北京大学出版社, 2008：376-385.

定性地变成意志，我们有能力在行动中实现愿望。法兰克福以各种"瘾君子"为例对自由意志概念进行了进一步说明。首先，考虑不愿上瘾的人，他在一阶愿望的层面上既想服用毒品又不想服用毒品。因为"渴望服用毒品"不能成为有效的行动，所以他们一阶愿望中的服用毒品不构成他们的意愿。其次，有一部分不甘心的瘾君子，他们还具有二阶意志，由于无法抗拒"吸毒成瘾"的愿望，这些有效的意愿便构成了他们的意志。再次，考虑自愿上瘾者的情况，自愿的瘾君子和不自愿的瘾君子一样，在服用让他们上瘾的药物方面有矛盾的一阶愿望。但是，自愿的吸毒者通过二阶愿望自愿地接受了自己上瘾的一阶吸毒愿望，并且二阶"自愿"继续保持导致自主体按自己的方式行事。

现在可以很容易地说明法兰克福的层序性理论，不甘心的瘾君子不会吸食自己的自由意志（留有余地的自由意志）药，因为他的意志与他希望的意志在更高层次上发生冲突。但是，由于他的意志与他希望的目标相吻合，因此愿意的瘾君子采取了自己的自由意志（留有余地的自由意志）药。法兰克福的层序性理论有一些看似相互矛盾的地方，在此做一些区分并总结法兰克福的观点。法兰克福试图补救相容论，在批判经典相容论的基础上探究人真正的自由，即与动物相区别的本质意义上的人的自由。他区分了两种行动的自由和两种意志的自由。法兰克福认为，由于没有任何东西妨碍意志与行动之间的关系，因此该行动获得了自由的地位。[①] 基于此，法兰克福将行动自由区分为两种类型，一种"留有余地的"行动自由，只要求没有任何东西妨碍意志与行动之间的实际关系；另一种是"源头上的"行动自由，除了前面的要求之外，它还要求自主体能够那样行动（act otherwise）。类似地，对意志自由的定义可分为"源头上的"意志自由和"留有余地的"意志自由，当自主体的意志是自由的时，由于没有任何东西妨碍意志与意愿之间的关系，它就获得了自由的地位，与自主体意志有关的

① Frankfurt H. Freedom of the Will and the Concept of a Person [J]. Journal of Philosophy, 1971, 68(1): 14-15.

自由只要求没有任何东西会妨碍意志与意愿之间的实现关系，这是后者针对的范畴。前者还要求自主体可以自由地将一些其他的一阶愿望变成他们的意志。① 总结见表 5-1。

表 5-1

	行动自由	意志自由
源头上的(source)	自由地行动	根据自由意志行动
留有余地的(leeway)	行动的自由	意志的自由

就行动自由来看，经典相容论者所提倡的是"留有余地的"行动自由，但是按这种说法，许多非人类动物能够自由行动，因为某些高级动物也可以按照自身的意愿行事，如果从源头上再一次限定行动自由，加入可以"那样做"的条件也不能充分说明人的自由，这一点法兰克福在证伪 PAP 和反事实的力的条件时已经说明了。换言之，层序性相容论认为经典的相容论不足以充分说明道德责任所要求的自由意志，因为它仅解释了我们可以做我们想做的事，充其量只是从愿望的角度说明了行动的自由，并没有呈现意志自由理论。人不仅有行动的自由，还有意志的自由，意志自由要求意志和意愿之间有实现关系，但是行动的自由只要求意愿和行动之间有实现关系。即是说，意志自由相较于行动的自由而言，要求更高，后者只要求行动有在前的信念愿望。但前者则要求信念愿望转换成意志力，进而导致自由行动产生。可以推断出，行动的自由对于意志自由而言"既不是充分也不是必要的"。当然，这也是法兰克福提出层序性理论的原因，他的出发点是"真正的人"，只有自由意志才能说明人的自由。就意志自由本身而言，法兰克福基于层序性的愿望所支持的是"源头上"的自由意志，即是说，"当一个人的意志充分符合他得到二阶意愿时，他就行使了他的自

①　Frankfurt H. Freedom of the Will and the Concept of a Person [J]. Journal of Philosophy, 1971, 68(1): 18-19.

由意志"。法兰克福所认为的意志自由，仅有"使自主体的意志与意愿之间的关系不受阻碍"这一点是不够的，自愿的瘾君子拥有"留有余地的"意志自由，但是他却没有真正的自由意志。

苏珊·沃尔夫(Susan Wolf)将法兰克福的观点称为"真实的自我"观点，因为其核心思想是，自主体的自由和对道德负责的自主性是他从自己的真实或深层次的自我发出的行为的问题。当一个自主体不希望拥有他所拥有的意志时，即当他的行动愿望不是他所认同的那种愿望时，他的行为就与他无关。法兰克福的层序性理论比起经典相容论更有说服力，它涉及人的反思能力和行动中的愿望在发挥作用时的复杂性。①

二、自由意志：对"发起者"条件的规避

总体来说，层序性理论所认为的自由意志的条件实质上是"自主体的行动出于自身的意愿"。不管是经过反思后的二阶意志或高阶意志，或是意志与意愿的认同，它们实质上都是一种意愿。问题是，这种意愿在决定论的条件下究竟是否还能支撑道德责任所兼容的自由意志？米勒举了一个关于两个自主体安和贝斯的案例，如果一夜之间，一群神经科学家不知不觉地把贝斯的心理变成了安的心理。诚然，安自由行动时对自己的行为负道德责任毋庸置疑，但在评论贝斯的行动时，根据法兰克福的层序性理论，不得不说，当贝斯像安一样行动时，即使他被操纵了，他对自己的行动结果也负有道德责任。争议在于，有人认为，在以上两种情况中，都应该是安负有道德责任，而贝斯没有，也就是说，我们的道德责任概念具有历史维度。② 这一点与不相容论对经典相容论的责难是一样的，法兰克福在决定论条件下更充分地解释了自主体的自由意志，但是关于他说的道德责任所要求的自由意志仍旧不属于不相容论的范畴，因为层序性理论涉及

---

① Wolf S. Freedom within Reason[M]. Oxford：Oxford University Press，1990.

② Mele A. Autonomous Agents[M]. New York：Oxford University Press，1995：145-146.

最终意义上的自主体，如果自主体被操控了，即使自主体的意志、意愿和行动之间取得了"适当"的一致，在不相容论眼里，也应该对行动负责。

针对这个质疑，法兰克福澄清了他所认为的道德责任所需要的自由意志，更确切地说，我们最需要关注的是与人的行为相一致的心理结构的某些方面……我们所服从的原因是通过塑造环境的自然力量来运作，还是通过其他人类主体的有意操纵设计来运作，都是无关紧要的。"我们是我们这类人，重要的是我们是谁，而不是我们发展的历史。"①法兰克福的回答实际上规避了自主体作为自由意志的源头发起者的构成，也就是说，道德责任所需要的自由意志不仅不需要反事实的力，也不需要发起者的条件或构成。

第三节　理由观点和理由回应的相容解释

理由观点和理由回应理论植根于亚里士多德关于人的理由本质的观点，即人是理性的动物，当人成熟到一定程度时，就能认知和判断出如何通过其理由更好地生活，如何做出明智的决定等。这类观点的中心在于对源自真与善的理由做出回应的规范性能力，正如沃尔夫所说："只有因为正确的理由做正确的事情的能力……这才是责任所必需的。"②具体而言，自由意志所要求的既可以这样做也可以那样做的能力在理由论者的眼里就是在道德上基于对的理由做对的事情的能力。

一、沃尔夫的理由观点

沃尔夫眼中的自由意志与法兰克福不同，她的出发点是道德责任本身，而不是法兰克福的真实的自我。根据沃尔夫的观点，任何关于真实的

---

① Frankfurt H. Reply to John Martin Fischer [M]//Buss S, Overton I. (eds.). Contours of Agency. Cambridge：MIT Press，2002：27-28.

② Wolf S. Freedom within Reason[M]. Oxford：Oxford University Press，1990：81.

自我的观点是有问题的，因为一个人可能会通过破坏自由的手段来满足相关的自我。一个在褊狭的、独裁的种族主义环境中长大的人，可能通过一种残酷的、僵化的灌输手段获得他扭曲的专制的价值观，这种价值观成为其自我的一部分，他会以这种价值观为准则去行事，尽管他的行动依然是出于自我，但是仍旧没有能力去"那样做"，所以不具备负道德责任的条件。① 对于沃尔夫而言，一个人要获得自由和道德责任，所要求的不仅仅是他的行为来自他的真实自我，还包括行动者具有"按照真与善"行事的规范能力。

沃尔夫所认为的自由意志大致是道德责任前提下的自由意志，沃尔夫的理由观是外在主义的，需要一个外在于自主体内在心理状态的工具，如真实和善良。对沃尔夫来说，关键问题在于行动者是否能够根据道德理由采取行动。在努力让自由意志追踪道德理由的过程中，沃尔夫提出了一个令人惊讶的不对称命题，即值得称赞的行为并不需要"那样做"条件下的自由，但值得谴责的行为需要"那样做条件下的自由"。从引导和规范的角度来看，只有应受责备的行为才需要规范。对于值得称赞的行为，引导控制就足够了。沃尔夫推理认为，如果自主体的行动确实符合真和善，即使他的心理状态决定了他不能按照真和善行动，他没有那样做的能力，也并不会威胁自主体的道德责任所要求的自由。但就应受谴责的行为而言，确实需要被调节控制。如果自主体的心理状态决定了他没有"那样做"的理由能力，进而不按照真和善行动，我们就应该去规范他的行动，否则，去责怪他是不合理的。

由于沃尔夫的不对称观点要求对受谴责的行为进行调节控制，依然要求"既可以这样做也可以那样做"的条件，因此她的相容主义很容易受到不相容主义论点的驳斥，这些论点旨在表明决定论与可供取舍的多种可能性层面上的自由意志是不相容的。针对这个问题，沃尔夫做了一个关键的转变，主张形而上学决定论不包含心理决定论，只有心理决定论违反了应受

---

① Wolf S. Freedom within Reason[M]. Oxford：Oxford University Press, 1990：266.

责备的条件。① 物理决定论并不包含心理决定论，物理决定论与"可以那样做"的能力是一致的，以此来维护他的不对称观点，这样一来，尽管沃尔夫在应受责备和物理决定论方面是一个相容论者，但他在应受责备和心理决定论方面是一个不相容论者。

另外有一种反驳的观点，说他对善行方面的要求太松了，因为人受文化和成长环境的影响不可能只做好事。作为回应，沃尔夫坚定了他的信念，坚持理由回应的观点：

> 识别理由的能力最重要。根据理由观点，即使是因为错误的原因做了对的事的自主体比起根本不做善事的人而言更值得赞扬。那些基于他根本不理解的价值观做了对的事的自主体和那些基于他不理解的价值观做了更加令人反感的行动的自主体一样不用为其所做负责任。②

可以看出，过去导致自主体的善行或恶事的原因已经不再重要，重要的是他本身是否回应道德理由，也就是说，核心在于只要在恶事或应受责备的场景中能够识别或回应理由就满足道德责任所要求的自由意志。然而，不管是物理决定论还是不对称的理由回应观点，至少在应受责备的情境下，都无法避免物理决定论和既可以这样做又可以那样做的相容问题，都无法逃避不相容论者这样的诘问，在固定的过去和物理规则中，应受责备的自主体在他行动的时候如何有既可以这样做又可以那样做的能力？

费舍尔(Fischer)和拉维扎(Ravizza)认为，根据"法兰克福类型的例子"，沃尔夫应该转向一种对称命题，根据这种对称命题，赞扬价值和谴责价值都不需要有既可以这样做也可以那样做的能力，因为法兰克福提出的这类例子表明既可以这样做也可以那样做的能力不是道德责任所需

---

① Wolf S. Freedom within Reason[M]. Oxford: Oxford University Press, 1990: 100-112.

② Wolf S. Freedom within Reason[M]. Oxford: Oxford University Press, 1990: 272.

要的。

费舍尔和拉维扎将法兰克福的论证应用于沃尔夫应受责备的观点中，即举一个自主体应为某个行动受责备的例子。就像沃尔夫所要求的那样，假设自主体有能力去那样做，但是想象一下"反事实的保证条件"，它在导致自主体行为的过程中完全没有因果作用，但却使自主体无法那样做。所以如果他要那样做，按照真和善行动，就要有某种机制或某个人使得自主体在这种反事实的场景中行动。虽然费舍尔和拉维扎通过借鉴法兰克福的论证可以把沃尔夫从不相容论者的责难中解救出来，但是沃尔夫的不对称观点或回应理由理论处于危险之中。因为对责任的检验不再是自主体是否能够回应真和善的理由。有时，自主体缺乏这种能力但是仍旧要负责任。费舍尔和拉维扎在此基础上另辟蹊径，寻找自主体与其对道德理由的敏感性之间的间接联系。

二、理由观点与理由回应的相容解释

理由回应理论中的自由意志是根据自主体对理由的反应来说明的。例如，要说甲出于自身的自由意志弹奏班卓琴，就必须要求如果他有理由不弹奏班卓琴，那么他就会克制自己不弹奏班卓琴。例如，如果路人乙走进甲的录音室，让甲弹他的电吉他，为了想让乙高兴，甲会欣然把他的班卓琴放在一边，拿起他的电吉他。这种调节控制说明了自主体可以根据多种可供取舍的选择而行动的能力，可以说，理由回应理论以理由对行动的因果解释力来定义自由意志。

因为法兰克福的例子挑战了不相容论者对规范控制的需求，同时也挑战了理由回应理论。想象一下，如果有一个恶魔丙想让甲在那个时候出于自己的自由意志弹奏班卓琴，但又担心甲不选择这样做，于是丙在背后操纵第三个人乙，乙让甲弹班卓琴。这样一来，甲弹奏班卓琴时自认为自己的行为不受丙的干预和影响，他出于自己的自由意志。但是就其班卓琴演奏而言，甲既没有控制，也没有回应某个理由。由于丙的存在，即使乙请甲转而弹吉他，甲也不得不弹班卓琴。在这个自由意志的案例中，理由回应不起作用。为了缓和理由回应理论和法兰克福例子之间的紧张关系，费舍尔把调节控制排除出理由回应的相容论，该理论只涉及引导控制。甲不能控制自己是否弹奏班卓琴，因为丙在背后操纵了他，"乙要求甲不要弹班卓琴的场景"通常是甲不弹班卓琴的一个很有说服力的理由，然而，由于丙的存在，甲对这样一个有说服力的理由没有反应。为了说明回应理由的能力，只要把丙从这个场景中去掉就可以了。①

　　因而，费舍尔和拉维扎提出了一种他们称之为半相容主义的观点。决定论可能与"能够那样做"的自由是不相容的，但它与另一种自由是相容的。他们从控制的角度来描述这些自由，规范性控制要求有那样做的能力，但是引导控制不然。此外，他们认为，道德责任所需要的所有自由完全可以由引导控制来解释。由于引导控制与决定论相容，因此道德责任也与之相容。②

　　费舍尔和拉维扎的主要任务就是对引导控制进行相容论的分析，他们试图根据理由回应来解释这一点。自主体"回应理由"就是承认有不同的理由呈现在自主体面前，他既可以这样做，也可以那样做。引导控制与导致行动的事件的实际序列有关，它与自主体拥有哪种行动的可能是无关的。引导控制的实际序列促使我们专注于自主体自由行动过程的特性，暂且不管何种自主体心理过程由于因果联系被牵连到他的行为中，先简单地把这些特性统称为自主体的行动机制。费舍尔和拉维扎建议我们只关注实际序列机制，并研究它在实际情境中所具有的特性，在这种情境中，行为主体的行动与实际情境有关，其中一些性质将是外在性质或模态性质。如果不同的理由呈现在自主体面前，而且运作起来不受阻碍，那么自主体的行动机制对这些理由就有不同的反应。证实这一观点将能进一步确认在自主体

　　① Fischer J M, Ravizza M. Responsibility and Control: An Essay on Moral Responsibility[M]. Cambridge: Cambridge University Press, 1998: 34-41.

　　② Fischer J M, Ravizza M. Responsibility and Control: An Essay on Moral Responsibility[M]. Cambridge: Cambridge University Press, 1998: 51.

的行动中，自主体的确能够回应各种相关的理由，不管是好的坏的，对的错的，都可以回应。

自主体的行动机制可以回应各种不同的理由，但是它所回应的理由的范围并不固定，即"没有稳定的模式"。当机制运作时，自主体会对各种理由做出不同的反应进而那样去做。然而，作为与道德责任相关的自由的要求，过于苛刻，例如，它排除对意志薄弱的行动负责的可能性。如果机制在运行时，自主体对某些理由做出不同的回应，那么这种机制就是弱响应机制，但太弱了也不行，精神错乱的行动者如果没有对理由作出适当反应的机制，很可能会因为对某种最小范围内的那样做的理由敏感的机制而行动。费舍尔和拉维扎认为，我们所需要的是一种适度的理由反应机制。

费舍尔和拉维扎的理由—回应解释有两个组成部分，即接受性和反应性。接受性是自主体为行动识别和评估一系列理由所采用的手段。反应性是另外一种手段，自主体凭借这种手段对理由识别有所反应并相应地采取行动。费舍尔和拉维扎提出了一种不对称性，即引导控制要求对理由有规律的接受性，但是只要求微弱的反应性。理由光谱为了理解自主体机制必须有规律的接受性，费舍尔和拉维扎要求该光谱展示出一种具有理由稳定性的模式。它还必须通过健全性测试，这样第三方询问者才能理解自主体所接受的理由模式。此外，有一些理由肯定是在最低限度上符合道德，所以需要排除聪明的动物、儿童，还有精神变态者。至于反应性，费舍尔和拉维扎认为，自主体因为一种机制而行动以致在一种可能世界中，机制运行，自主体对那样做的充足理由有不同反应。他们认为"反应性是一个整体"，一种机制在某些可能世界中对那样做的充分理由有不同反应，就表明同一种机制对那样做的任何理由都有不同反应。①

在此基础之上，他们还引入了一个更重要的条件，即自主体为了进行引导控制，他的行动机制必须是自己的。这种所有权（ownership）条件确保

---

① Fischer J M, Ravizza M. Responsibility and Control: An Essay on Moral Responsibility[M]. Cambridge: Cambridge University Press, 1998: 39-73.

自主体的机制对他来说不陌生，它不是通过洗脑或隐蔽的电子操纵来安装的。所有权需要三个条件，首先，当基于相关机制行动时，自主体必须将自己视为这样一个自主体，能够通过自己的选择和行动塑造世界。其次，他必须把自己看作别人道德期望和要求的恰当目标，这在反应性的态度中显露出来。最后，关于前两个条件的信念"必须以适当的方式建立在个人证据的基础上"。费希尔和拉维扎还区分了那些不思而行地拥有自己的行动机制的个人和那些对这个问题进行哲学思考的人。经过反思后的自主体可能会相信没有人在道德上负有责任，所以自己不是别人道德要求的公平目标。费舍尔和拉维扎认为，这些反思了的自主体没有道德责任，因为没有道德责任的主观条件，他们并不拥有相应的行动机制。费舍尔和拉维扎的所有权条件帮他们的解释引入了一个历史因素。这使他们的观点有别于法兰克福的观点，并允许他们在相关的操纵案例中认为自主体不负有道德责任。①

费舍尔和拉维扎的理由—回应理论分析了关于引导控制的实际序列和基础机制。他们坚持认为他们对引导控制的分析与决定论是一致的。根据费舍尔的观点，自主体以及他的行动机制完全可以在自主体行动事件的实际顺序中决定。自主体的机制回应理由的实际方式可能对理由相当敏感，如果有不同的理由，机制就会有不同的反应，而这个机制的自主体也会有不同的行为。只要自主体在行动中能够识别、评估自己行动的理由，有引导控制力，不一定要有既可以这样做又可以那样做的规范性控制力，就可以说自主体是出于自身的自由意志行动。该理论仍旧坚持自主体是行动的基础，自主体的控制是自由意志的基础，但是它将"可以那样做"的条件从自由意志中排除出去了，在控制的层面上进行了细化，进而根据回应理由解释引导控制，虽然其本意是探讨道德责任所要求的相容论意义上的自由意志，但是其客观的积极意义在于，在相容论的前提下，它实质上对自由

---

① Fischer J M, Ravizza M. Responsibility and Control: An Essay on Moral Responsibility[M]. Cambridge: Cambridge University Press, 1998: 225-228.

意志的构成和含义做了新的阐释。就自由行动的产生而言，它基于反应性和接受性的手段解释了理由如何对自由行动产生因果作用，此外对自主体所有权的强调也深化了自由意志的存在程度。

第四节　行动倾向的相容解释

摩尔(Moore)是倾向相容论的先锋，他说："如果我们不论在任何层面上相对于这样做都不能那样做……在自由意志的一般含义中，我们都不能说有自由意志……但是，在某一层面上，我们有时能够做我们未做的事实并不一定能保证我们就有自由意志。"①"既可以这样做又可以那样做"作为反事实的力(counterfactual power, CP)是自由意志的必要非充分条件，反事实的力和关于该力的条件分析结合起来才构成自由意志，此外，它还兼容了决定论。

关于反事实的力和自由意志的关系，倾向相容论者重构认为，"当且仅当自主体能够不去做行动 A，自主体在这个行动 A 中才可以说有自由意志"。法兰克福和 P. F. 斯特劳森都不认为这个条件对于自由意志是必要的，与之相反，倾向性的相容论者坚持反事实条件对于自由意志的重要性，构建了相应的条件分析：

> 要自主体能够不去做行动 A，其前提条件是当且仅当如果自主体尝试、想要或选择不去做 A，自主体就不去做 A(CA1)。②

此外，倾向相容论者将"倾向"(dispositions)视为自由意志的本质，

---

① Moore G E. Ethics[M]. Oxford：Oxford University Press, 1912：87.

② Berofsky B. Compatibilism without Frankfurt：Dispositional Analyses of Free Will [M]//Kane R.（eds.）. Oxford Handbook of Free Will. 2nd ed. New York：Oxford University Press, 2011：153.

"自由意志是一种倾向性的力"①，维魏林（Vihvelin）是倾向相容论的典型代表，她说，要想拥有自由意志，就要有"基于理由而做决定的能力，而且该能力的实现方式不止一种"。要拥有这种能力，就要拥有以下子能力，构想或修改信念的能力、为了回应某人的愿望和信念形成意图的能力、旨在做某个决定而进行时间推理的能力。就其能力本身而言，"拥有这些能力就是拥有大量倾向"。②

再加之，"倾向性的力可被理解为与决定论相容的虚拟条件"，他们认为倾向是反事实条件 CA1 唯一重要的成分，只要保存"倾向"的地位，就可以保证自由意志的存在地位和相容论。然而，相容论条件下的"反事实条件"面临许多困境，主要体现在与之相关的倾向现象的责难。莱勒（Lehrer）质疑条件 CA1 的真实性，他不认为自主体尝试去做了就说明他有做相关行动的能力。

刘易斯是捍卫条件分析的倾向性相容论者先锋，针对这种反驳，他改进了 CA 的形式，认为外在属性总是依赖于内在属性而存在或由内在属性来解释，例如，糖之所以可溶于水，是因为它的分子间的联系很弱。某个事物 O 的倾向 D 是事物 O 的内在属性，它是 O 的因果基础。由于每个倾向都有一组独特的刺激条件 S 和显现条件 M，所以在正常情况下，S 和 B 合起来就是导致 M 产生的充分原因。某物 x 倾向于在时间 t 响应刺激 s，是因为某物 x 所拥有的内在属性 B，从 t 到之后的 t2 时刻这段时间，如果 x 在时间 t 经受刺激并且在 t2 之前继续持有属性 B，将共同称为 x 回应 s 的复合理由。该分析说明了倾向力的因果基础是可以被保持的，它是内在的本质的属性，扼杀了莱勒对条件相容论的反驳。这种内在属性存在于决定论的世界中，李维斯（Lewis）将倾向放在内在主义的范畴内进行阐释，这并

①　Berofsky B. Compatibilism without Frankfurt：Dispositional Analyses of Free Will ［M］//Kane R.（eds.）. Oxford Handbook of Free Will. 2nd ed. New York：Oxford University Press，2011：158.

②　Vihvelin K. Free Will Demystified：A Dispositional Account ［J］. Philosophical Topics，2004，32（1/2）：427-439.

不阻碍自由意志与决定论的相容性。维魏林回应说，假如一个人因为害怕而瘫痪，以致不能尝试尖叫，但是此时她可能声带正常，有发声能力，这里的关键在于区分能力和实施能力的力，前者是内在的，后者依赖于外界的刺激而有所变化，尽管这个人保留了与尖叫相关的正常能力，但因为外界刺激失去了实施该能力的力，因此，有能力不一定蕴含着这种力被实现了。此外，李维斯以内在主义的方式强调"试图"的重要性，他把试图上升到试图的能力，认为自主体只有在他有试图做某事的力时，他才有实施某行动的力。李维斯举了一个例子：如果某人愿意表演，那么，开始指令的刺激加上固有属性 P 就是走上舞台的充分因果条件。因此，P 必须包含尝试或选择的因果基础。如果某人不为上舞台做出任何努力，没有上舞台的尝试或选择行动，这种努力的因果基础就会消失，也就不会有一个完整的行动原因。刺激因素（"你开始了"）和没有努力基础的内在状态将不足以做出反应，我将缺乏相关的倾向或力。①

法拉（Fara）认可反事实的力是自由意志的必要条件，其主要目标是针对"既可以这样做也可以那样做"的条件分析，但他并没有直接为 CA1 辩护，而是通过改造 CA1 来捍卫反事实的条件。他认为简单的条件分析 CA1 并不合理，因为它没有考虑到伪装的能力，"伪装能力的案例是这样的案例，即自主体没能实施他所拥有的能力。尽管他有实施该能力和试图实施该能力的机会，但是自主体仍旧没能实施他所本有且持续拥有的能力"。尽管自主体尝试做了某事，有试图做某事的能力，但是最终能力没有被实施，即是说能力被伪装了。换言之，能力可以被伪装，如果自由行动的条件满足了，但是自主体仍旧没有这样去行动，该自主体在当前情况下行动的倾向就被伪装了。他提供了一种新的倾向性的条件分析：

在情况 C 中，自主体有行动的能力，当且仅当在 C 情况下她尝试

① Lewis D. Finkish Dispositions［J］. Philosophical Quarterly, 1997, 47（187）: 143-158.

这样去做时有这样行动的倾向。①

　　法拉将"试图""决定""选择"视作自由意志的核心，结合伪装能力来说明这些核心要素有益于阐释自由意志如何在行动中发挥作用。"试图"是内在于自主体的，是意图、信念或愿望，基于未被伪装的能力，它本身就可被视作一种行动。若将它放在整体的因果链中来看，"试图"行动是整个行动的一部分，试图去产生某个行动不同于尝试做某事，但两者有先后的逻辑关系。就行动类别而言，"选择"或"决定"类似于"试图"，进一步区分的话，"试图"包含"选择"，在某个行动目标的驱使下，考虑选择 A 或 B 都是一种"试图"，要注意的是，这里的"选择"更侧重于过程，即考虑选择哪一个选项，而不是执行某一个被选择了的结果。

　　法拉认为要想解释自主体为什么这样做而没有那样做，就要解释能力或倾向为什么没有被伪装。在法兰克福的案例中，即使琼斯尝试了"那样去做"，由于背后有布莱克决定性的干预，最后也无法"那样去做"，根据法拉的条件分析，这并不能否认琼斯有"那样做"的能力，最后未能那样做只是因为这种能力被布莱克这个反事实的干预因素遮掩、伪装起来了。他们认为最基本的自由意志事实是因果力的事实，例如，基于慎思而决定的力。在以往的分析中，我们会把因果力分为"积极的"和"消极的"，施力的东西所发挥的力是积极的，而被施力的事物实施的是消极力，但在倾向性的相容论者看来，这种区分已经不再重要，他们认为因果力并不是在种类上，而是在复杂性上有所不同，人类所有的因果力都具有相同类型的因果结构，不同的是每个人对该结构的理解。有一种观点是，如果我们将因果力理解为倾向，就避免了决定论条件下因果力虚弱的必然性问题，在自主体做决定或行动时，倾向作为自主体的内在属性使得因果力实现了某个结果，由于倾向与决定论相容，所以相应的自由意志与决定论相容，这就是总的倾向性相容论观点。

---

　　①　Fara M. Masked Abilities and Compatibilism[J]. Mind, 2008, 117(468): 847-848.

倾向相容论的重要意义在于这些本质上内在于自主体的倾向和能力不受外部条件的制约，只要自主体拥有这些能力，任何外部的限制或阻碍都不能阻碍自主体发挥自身的自由意志，从与经典相容论的关系角度说，它继承了经典相容论里自由意志的两个条件：第一，有能力去做我们想做或有愿望去做的事情；第二，没有阻碍或限制能够阻止我们去做我们想做的事情。该理论与法兰克福的案例一样，都是为了说明决定论条件下的自由意志，但不同的是，它不仅没有逃避第一个条件，即不将 PAP 排除在自由意志之外，还深入自主体的内在机制说明这种能力。就自由意志在自由行动中的作用而言，它帮助自主体构建正确的信念、修改错误的信念、提升理性的实践推理能力，从而使得自主体自由行动。具体来说，自由意志作为一种因果力是自主体慎思、做决定和选择以及想要做某事的能力。外部环境的阻碍不是自由意志内涵的核心，尽管自主体因为外部环境的阻碍未能完成某事，但这并不能否认自由意志的存在，因为自主体失去了行动自由，但没有失去自由意志。倾向性相容论将自由意志作内在主义的理解，认为自由意志是一种"能力"（abilities），也是一种"倾向"（dispositions），它具有本质的内在的属性，该属性是自主体行动的因果力基础。自主体是否有可供取舍的选择并不重要，即使像困兽一样无法做出自由行动，也只能说明自主体不自由，而不能说明自主体没有自由意志。换言之，倾向性相容论把自主体自身的倾向和属性看作自由意志的核心成分或构成。

第六章　自由意志的非标准观点

标准观点是关于自由意志问题的典型立场,"鉴于道德责任所需要的那种自由意志,自由意志主义、软决定和硬决定论构成了全部典型的立场"①。标准观点在解决自由意志问题的范式上,要么是相容论,要么是不相容论,而不相容论通常包括只承认自由意志的自由意志主义和只承认决定论的硬决定论,这是一种简单的一元论的相容性立场。非标准观点在自由意志的构成问题上则持有多元化的解释,例如,它不将自由意志与道德责任等同,而是把道德责任当成自由意志的一个构成进而对自由意志的本体论地位加以考释。非标准观点与标准观点相对,首先,它不把道德责任当成一种预设的前提,而是批判性地去考察道德责任的合理性,如修正主义;其次,看到自由意志本身具有复杂性,在相容性问题上,打破相容论与不相容论的二元对立,重新审视自由意志和决定论的关系,提出了多样化的自由意志立场,当然,这也是解决两派长期以来纷争不断的一个方式。

第一节　相容性问题的多元化破解

自由意志的相容性问题一直是在一元论的范式下进行讨论的,在一元

---

① Pereboom D. Free Will[M]. Indianapolis: Hackett, 1997: 272.

论的假设下，我们要么是相容论者，要么是不相容论者，因此，如果没有自由意志主义的自由意志，要么就是相容论者，要么就是硬决定论者。然而，有的哲学家认为这个标准假设是错误的，我们可以把两者结合起来，用多元性或二元性来破解相容论与不相容论的一元对立。保罗·拉塞尔（Paul Russell）意识到无法实现传统的乐观相容论的主张，提出了一种"悲观"的相容论，也称为宿命式的相容论，费舍尔调整相容性问题的对象，只要求道德责任与自主体的控制相容，形成了"半相容论"，语境论则将语境作为解决自由意志问题的标准，泰德·洪都里奇规避了相容性问题的重要性，提出了一种"生活希望"的决定论解释，索尔·斯米兰斯基则是以二元的方式打破了相容性问题的一元对立。

一、"宿命"的相容论解释：自由意志因果必然性的一种构成

拉塞尔认为合理的相容论必须要合理地考虑对起源问题悲观性的担忧，即更多地关注宿命论的概念，既然一切都是决定好的，那么行动的最终起源究竟是什么？不相容论已经承认了自主体这个"不动的原动者"起源，但是决定论呢？传统的相容论有两个关键主张，其一，决定论与道德责任相容；其二，决定论隐含着宿命论的条件，即一切都是注定的。

在决定论条件下，自主体在遵循客观规律的前提下引起具有因果序列的行动，自主体虽然具有引起因果行动的力，有一定程度的自主性，但由于决定论的规律限制，在发挥其自主性时必须受到外来的因果影响。进一步追问起源，外来的因果影响又来自哪里？排除了自主体自身的原因，答案很容易陷入命定因素，这个问题的重要性就在于它涉及要负责任的拥有理性控制力的自主体的来源。

宿命论是不相容论抵制决定论的撒手锏，相容论想要维护其立场就避不开宿命论的问题，拉塞尔认为相容论不仅不需要害怕宿命论，还需要一种更丰富的宿命论概念，它可以直击自主体作为行动起源的观点。合理的相容论立场必须有宿命的成分，而自主体在屈于命运的同时也须为其行动

负责。基于此，他分析了宿命性相容论的两个关键构成因素：

> 1. 它认为决定论真理与责任的条件是相容的，我将称这为"责任相容论"，它的反面是"责任不相容论"。
>
> 2. 它认为决定论隐含着一般宿命论的条件，我将这称为"宿命论观点"。①

"正统的相容论者"认可"责任相容论"但否认宿命论。如果行动者受命运的驱使，他的思虑和决定就不能改变事件的发展过程。行动者的相关考虑对于行动的过程根本不起任何作用。所以，如果决定论隐含着一般意义上的宿命论，就没有人能够改变所发生的一切。对于不相容论者而言，如果自主体受宿命论的约束，他就不可能是其行动真正的发起者，或者更准确地说，他不是其行动最终的起源（originator）。

由此可见，宿命论对于相容论者和不相容论者的意义并不一样，换言之，"正统的相容论者"和不相容论者对"宿命"的理解不同。前者认为当且仅当自主体不能在因果上导致事件的发展时，自主体是受命运支配的，这是一种"贡献式的命运"（contributory-fate）。但对后者而言，命运是"源头式的命运"，当命运决定自主体的行动时，不能说是自主体控制了自己的行动和决定。

二、费舍尔的半相容论

与传统的相容论不同，受结果论证的影响，费舍尔提倡一种强调自主体控制力和道德责任的相容论，而不是自由意志和道德责任的相容论，被学界称为"半相容论"（semicompatibilism）。从自由意志的构成来看，费舍

---

① Russell P. Compatibilist-Fatalism: Finitude, Pessimism, and the Limits of Free Will [M]//Russell P, Deery O. (eds). The Philosophy of Free Will. Oxford: Oxford University Press, 2013: 450.

尔不强调"既可以这样做也可以那样做"（AP），只强调自主体的控制力。

　　费舍尔认可过去相容论的初衷，我们都希望自己的行动是自由的，善有所赏，恶有所罚，而且决定论的确有物理科学的支持。但是，他也考虑到后果论证的观点并没有什么错，如果自然规则和所有的过去都是固定的，我们就不能说我们有真正的自由，不能说奖惩分明有其合理的根据。如何能够在坚持相容论初衷的基础上又解决不相容论中结果论证的责难呢？

　　既然结果论证削弱了决定论条件下的自由意志，要想追回道德责任的"应得"，就必须对自由意志进行重新界定，而且要回应结果论证中的非决定论条件。在重新界定的过程中，对控制力的分析最关键，也最有吸引力。他将控制分为"规范性控制"，即需要真正地获得可选择的可能性和"指导控制"，涉及一种独特的指导，但不能获得可选择的可能性。只要注意到指导控制是与道德责任捆绑在一起的那种自由或控制，就可以避开后果论证所造成的困境。①

　　半相容论主张道德责任与因果决定论是相容的，而不考虑因果决定论是否威胁规范控制。虽然不确定决定论是否排除规范性控制，但是因果决定论与拥有指导控制和道德责任是相容的。结果论证与控制力如何兼容？决定论承认指导控制，结果论证否认的是可供取舍的选择，即规范性控制，所以，费舍尔想说明道德责任不需要规范控制，只需要指导控制。更进一步说，指导控制与因果决定论是相容的，道德责任的"实际序列"理论不要求自主体对选择或行动有可供取舍的选择。

　　在指导控制中，有两个主要元素，即在行动中发出的机制必须是"自主体的"，而且必须是适当的"理由回应"式的。具体而言，只要自主体从自己的、适当的理由反应机制中发出，他对其行为进行的就是指导控制。再结合一个法兰克福式的例子来谈，琼斯自己投票给民主党人，这是出于

---

　　①　Fischer J, Kane R, Pereboom D, et al. Four Views on Free Will [M]. Malden: Blackwell, 2007.

他自己的原因和正常的公民审议过程的结果。如果琼斯决定投票给共和党人，布莱克会通过直接的电子刺激大脑干预并促使琼斯选择持续投票给民主党人。实际序列和备选项在直觉上涉及不同的机制，在实际序列中，有人类实际推理能力的正常运行，而在另一种情景中，有重要的和直接的电子机制或神经外科医生对大脑的刺激。尽管很难给出机制个性化的一般解释，但可以直观地看出，在这个案例中，不同类型的机制是按照实际的和另一种方案的顺序运行的。此外，在这种情况下，自主体道德责任的基础是实际序列机制的特点。

实际序列机制的一个相关特征是，它必须以某种适当的方式对原因作出反应，因为它是与众不同的正常的人类思考能力，它是对原因的反应。因此，即使对琼斯的大脑进行彻底的电子刺激，就像在另一种情景中采取措施促使其选择投票给共和党，无论有什么理由让琼斯投票给民主党，琼斯的实际序列机制都是由理性响应的。也就是说，在确定理性反应时，我们必须有固定的现实序列机制，在法兰克福的例子中，这是人类正常的实践推理能力。因此，即使自主体琼斯由于布莱克设置的存在而无法真正地获得其他可能性，即规范控制，他也很可能对自己的选择和投票行为表现出指导控制。当然，理性反应机制必须保证自主体的"所有性"（ownership）；否则，设想一下，如果神经外科医生基于自主体的理性反应机制仿造出新的理性反应机制并将其植入自主体的大脑，进而自主体为其行动负责就是为科学家背锅。

道德责任的"自由相关"（与认知相反）条件是引导控制。一个人可以对行为进行指导控制而不需要对行为进行调节控制。按照这种方法，道德责任的重要之处在于所考虑的行为的实际发生历史。在评估行为主体的道德责任时，我们会考察行为中产生问题的实际序列机制或过程的属性。当然，这些属性可以是"模态"属性或敏感性，但至关重要的是，行为实际路径的某些特征、某些可能是模态的属性或行为实际产生的方式的属性，而不是选择其他路径作为道德责任的基础。

经典相容论者主张不是所有的因果决定论序列都同样地威胁着自由和

责任，尽管费舍尔倾向于认同所有因果决定论序列都排除了调节控制，但并非所有的因果决定论序列对引导控制以及道德责任都构成了问题。一些相容论者满足于提出一系列"破坏责任"的因素，如直接的电子刺激或对大脑的物理操作、某些类型的催眠、洗脑、令人厌恶的条件反射、潜意识广告、药物干预、不可抗拒的冲动、不可避免的恐惧等，这些相容主义者主张仅仅是因果决定，并不排除道德责任，但在可能会扩展的清单中所指定的特殊情况确实排除了责任。这种方法显然不理想，也不完全令人满意。相比之下，费舍尔试图提供一个关于指导控制的一般解释，这个解释适用于相当普遍的情况，也有助于解释为什么清单上典型的特殊因素确实排除了道德责任。至少费舍尔提供了一个一般的解释，有希望以一种翔实而非任意的方式区分了可能的案例。即使在破坏责任的案例中，自主体也同样因为有指导性控制要负责任。

三、自由意志"生活希望"的构成要素

洪都里奇处理自由意志问题的方法与其他大多数哲学家形成鲜明的对比。他不是预设我们有自由意志，然后考虑它可能在多大程度上符合决定论。洪都里奇从维护决定论的真理性和必要性出发，讨论决定论的真理以及该真理对我们不同的生活方式所产生的影响。他认为物理学决定论仍然是一个开放的问题，但是在任何情况下，人类的行动、神经事件和选择在微观世界中都不会受到非决定论的显著影响。①

他认为，决定论对我们生活中的七个不同领域都有影响，其中最重要的是第一个领域，即个人如何看待自身未来的生活。通过反思这七种影响，我们可引入两种态度以及对决定论的一般反应。对决定论的可能真理持不妥协态度的是相容主义者，而持沮丧态度的是自由意志主义者。换句

---

① 牛顿曾明确表述过物理决定论，他认为宇宙物及其运动包括人的行动都是由自然规律决定的，不存在自由这种东西。可参见高新民，沈学君. 现代西方心灵哲学[M]. 武汉：华中师范大学出版社，2010：374.

话说，相容论者不认为决定论的可能真理是任何改变洪都里奇所称的"我们的生活希望"的理由，而不相容论者认为决定论是"我们的生活希望"的主要障碍。洪都里奇强调："每个人都有，或者至少能够接受这两种态度，而且我们每一个人作出了或能够做出这两种反应。"①这与相容论者和自由意志主义者传统上提出论点的方式形成明显的对比。此外，洪德里奇还认为相容主义者和不相容主义者都是错误的，因为他们声称我们只拥有他们所提倡的那种自由。

"感受生活的希望"（life-hopes）就是用一种普遍的方式思考自己的未来。决定论将以某种方式压制洪都里奇所说的"生活希望"。"假设人的整个生命运行是固定的，在一切进展顺利的情况下，人们将会希望得到更多。假设生命运行不固定，而是与自我的活动紧密相关，在事情进展不顺利，或者不如人所愿时，人们希望得到更多也是不合理的。鉴于我们理性的乐观前提，我们有理由认为，我们不倾向于一个固定的个人未来。"②

洪都里奇对自由的看法融合了两种态度和对决定论可能真理的两种反应。他认为，事实上，自由有许多不同的含义，有些与决定论兼容，有些则不然，但是相容与否并不重要，"自由是否与决定论相容，可能是完全没有意义的，事实上是错误的"。洪都里奇批判地继承了决定论，他说："我们可以反思什么是我们不得不放弃的有限价值，考虑决定论信念中可能的弥补之处，注意不要低估我们可以拥有的，并考虑一个特定的与真正的和坚定的决定论信念有关的前景。"放弃那些与决定论不一致的生活希望可能会让人觉得有些难以启口，而洪都里奇也承认"正如许多人已经证明的那样，决定论可能是件坏事"③。洪都里奇并不关心那些最值得期待的结

---

①　Fischer J, Kane R, Pereboom D, et al. Four Views on Free Will[M]. Malden：Blackwell，2007：13.

②　Honderich T. A Theory of Determinism[M]. Oxford：Oxford University Press，1988：388-389.

③　Honderich T. How Free are You?[M]. Oxford：Oxford University Press，1993：101-112.

果，用丹尼特的话来说，他关心的是那些真正反映我们在决定论世界中的存在地位的结果，这些结果与相容主义或自由意志主义的结果完全不同。

第二节　自由意志的语境主义

一、语境主义的主要内容

拒绝一元论标准假设的另一种方式是语境主义，① 语境主义观点认为，不管是相容论者抑或硬决定论者都应当根据语境来判断。

费尔德曼(Feldman)是语境主义的代表人物之一，他认为"涉及关键术语'自由''道德责任''本可以不这样做'的句子的真值条件是对语境敏感的"②。对语境敏感是指一个人在某个语境中出于某个信念理由认为某命题为真，在其他因素不变的情况下，由于语境的改变，这个人对于命题的真假判断却不一定为真。"同样的句子可以在不同的场景中使用、表达不同的事物，其结果可能有不同的真值。"③他提出了三个命题：

　　(C1)人们有时自由行动。
　　(C2)所有的人类行动在因果上都是决定性的。
　　(C3)如果(C2)为真，那么(C1)为假。

这三个命题的基本逻辑是：如果 (C1)为真，则(C2)为假，反之亦然，(C3)始终为真。费尔德曼分别在两种不同的语境中讨论了这三个命题的真

---

　　① 代表人物有霍桑(Hawthorne)(2001)；费尔德曼(2004)。
　　② Feldman F. Freedom and Contextualism[M]//Campbell J, O'Rourke M, Shier D. (eds.). Freedom and determinism. Cambridge：MIT Press, 2004：262.
　　③ Feldman F. Freedom and Contextualism[M]//Campbell J, O'Rourke M, Shier D. (eds.). Freedom and determinism. Cambridge：MIT Press, 2004：259.

假。在一般语境下，他认为"只有一些因果解释是相关的，有些被适当地忽略了"①。在这样的上下文中，（C1）为真，因为有些行为通常没有相关的因果解释。进一步推论，命题（C2）为假，并不是所有人类行为都是由因果关系决定的。当我们将"自由"的标准提高，预设（C2）为真，则（C1）为假。不同的语境之下，结果不一样。实际上，这是一个认识论问题。在不追溯具体语境下的因果关系的前提下追究自由的含义是不合理的，因为在一般的形而上学意义上与在具体科学或者其他领域相比，自由的含义与标准是不同的。费尔德曼认同刘易斯对认识论的评论，形而上学剥夺了我们的自由。即是说，只有具体语境中的自由，没有一般意义上的自由。

二、二元的相容性立场

斯米兰斯基提出了相容性问题上较复杂的立场，和语境主义者一样，他认为有时我们应该是相容论者，有时是硬决定论者，但补充说，在某种程度上我们应该都在同一时间、至少在某些情况下同时将两个截然不同的观点立场结合在一起，这样才是最令人信服的。根据这种观点，相容论和硬决定论都不是全部的真理，但两者都看到了真实的、内在复杂的图景的一部分。

斯米兰斯基在相容与否的问题上否定一元论或者非此即彼的态度之后，他还结合硬决定论和相容论中合理的元素，走向了相容性问题的二元论。他吸收了相容论观点中的控制，否认自由意志主义层面上的"终极意义上的"自主体，但没有自由意志主义层面上的自由意志，道德责任成了无源之水，我们不能也不想失去人的尊严以及真正的体面和公平。我们希望人们仍有良好的道德秩序来维护人类的尊严，希望我们能够控制自己的道德生活。他又吸收了"硬决定论"中的道德代价观点，在道德上要求我们

---

① Feldman F. Freedom and Contextualism［M］//Campbell J, O'Rourke M, Shier D. (eds.). Freedom and Determinism. Cambridge：MIT Press, 2004：264.

做我们应该做的事情，否则将会面临不公正的对待。我们有控制力，但是是相容论层面上的自治和控制力，我们不能因为我们没有道德责任所要求的自由意志就放弃道德生活，因为道德的"硬决定论"使然。

相容论者和硬决定论者可能都会反驳斯米兰斯基的二元立场。相容论者认为我们仅仅依靠直觉就可以了解应受罚或是得奖赏，不须终极意义上的道德责任，更何况我们有一定程度上的控制力。硬决定论者认为所有谈论的这些道德差异都是没有根据的，这里的控制已经在道德条件的预设之中。斯米兰斯基回应道，不考虑自由意志主义者的自由意志，仅仅依靠相容论者的直觉，要说盗窃癖者为其盗窃行动与一般的正常人一样负相同的责任会让人难以认可，因为盗窃癖者根本不具备成为一个有责任社区成员的条件，而在这个责任社区中，大多数人拥有控制权。所以相容论者依靠直觉的方法和适度的控制力来引申出所有人的道德责任是不全面的。仅仅依靠硬决定论而舍弃自由意志的讨论并不会实现硬决定论的初心，它不会使硬决定论者更加人道和富有同情心，而是在道德上盲目，对文明、敏感的道德环境的条件构成威胁。因此，我们必须考虑这种差别并保持社会的责任感，以示尊重。强硬的决定论者对这些区别和伦理要求漠不关心，这在道德上是无耻的。我们希望成为"责任社区"中的一员，在这个社会中，我们的选择将决定我们所接受的道德态度，当我们的行为不在我们的反思控制范围内时，例如，某人因为患上了神经病而误伤了别人，我们就有可能在道德上宽恕他。如果人们想要得到尊重，就必须迎合他们作为有目的的自主体的本性，其条件是人们有能力且有意愿做出选择。负责任必须基于他们的选择，在没有相容论意义上的控制力的情况之下，他们不必负责任。

关于人类行动和人性，斯米兰斯基勾画出一种综合性的二元图景，即我们是"具有反思性，能够选择的生物，我们理应被视为负责任的自主体"，并对我们选择的结果负责；与此同时，"我们是被决定的存在，按照被塑造好的方式运作"。能动性是人性的核心，我们具有相容论意义上的能动性，我们希望能够行使它，但因为我们的行动也是被决定好的，所以我们可能成为决定自身力量的受害者，最终甚至超出我们的控制范围。①
斯米兰斯基的初衷是崇尚那种"以尊重他人为中心"的观点，其出发点并不
是针对某个理论的不足之处，主要目的是说明二元框架的可能性，甚至用
两种方式看待同一行为或同一行动者的可能性。事实上，最重要的是，在
相容性问题上，有两种截然不同的方式，只有吸收相容论或者硬决定论的
优点，才能成功分析自由意志的案例。

第三节　自由意志的修正主义

一、修正主义及其特点

修正主义认为现有的对道德责任的看法不对，需要对其进行修正。我
们对道德责任的看法有应然和实然之分，前者在某种重要意义上是不可信
的，并且与后者相冲突，因此我们应该相应地修正我们的概念。任何关于
修正主义的介绍都必须先确定修正主义观点与道德责任理论化的传统方法
的不同之处。修正主义与其他观点最核心的不同之处在于修正主义对道德
责任的诊断性解释和规范性解释的区别。诊断性解释的责任说明旨在准确
地反映我们广泛地共同承担的义务，换句话说，诊断性描述的目的是提供
一个描述性的图景，描述我们对道德责任的看法，或者我们的民间观念。
当然，关于如何划定我们民间概念的边界还存在分歧，这个问题将在后面
进行更详细的讨论。我们可以把诊断性解释理解为，为了识别一些我们在
对道德责任的普遍思考中广泛共享的概念或语义特征。或者，有人可能提
供道德责任的规范性解释。这里的目标是提供一个关于我们应该如何全面
考虑、承担道德责任的解释。因此，规范性的解释并不与我们实际的信

---

① Smilansky S. Free Will, Fundamental Dualism, and the Centrality of Illusion[M]//
Kane R. (eds.). Oxford Handbook of Free Will. 2nd ed. New York: Oxford University Press,
2011: 432-433.

念、直觉和关于责任的理论承诺结合在一起，至少与诊断性解释的程度不一样。虽然我们最好的诊断性和规范性描述之间可能没有什么区别，但规范和诊断之间的区别有助于理解这种差异，即我们对道德责任的思考和我们应该思考的内容。

有了诊断和规范解释的区别，就可以进一步区分传统观点和修正主义观点。一方面，这一区别涉及诊断和规定解释可以兼容的程度。在传统观点中，我们对自己应该承担的道德责任的最佳规定性解释与最佳诊断性解释并不冲突。另一方面，修正主义观点认为，我们对责任的最佳规定性描述不仅不同于最佳诊断性描述，还与之直接冲突。特别是，修正主义者发现我国民间观念中存在的严重问题的一些特征，并主张我们应当放弃这一特征，并对民间观念进行相应的修正。我们应该接受责任在某种重要意义上不同于我们现在所认为的责任。考虑到这些区别，修正主义面临三个独特的挑战。首先，修正主义者必须解决描述性任务，提供一个关于我们民间概念的解释，并提供好的理由来指出这个概念的一些重要特征所存在的问题。在这里，修正主义者可能会诉诸争论，即有问题的特征使民间概念站不住脚，规范不充分，甚至两者兼而有之，这被称为对修正主义的诊断挑战(the diagnostic challenge)，即描述民间概念的问题在哪里。其次，修正主义者必须提出，鉴于这种不合理，为什么我们的民间观念应该被修正，而不是完全消除，第二项任务被称为动机挑战(the motivational challenge)。最后，修正主义者必须满足规定性挑战(the prescriptive challenge)，并提供一个解释，考虑过所有的事情之后，我们应该讨论如何修改我们的概念。这里先来讨论修正主义应对第三个挑战的方法。

二、规定性挑战

规定性挑战的实质是纠正民间关于道德责任的错误观念，其前提是弄清关于道德责任错误的民间概念是什么。要拨乱反正就需要提供一个客观上正确的道德责任观点，并以此作为标准。因此，修正主义者必须将他们的规定性解释和与我们的责任相关的实践、态度、判断和推论紧密联系起来。麦纽尔·瓦格斯(Manuel Vargas)先从定义道德责任开始，他认为，一个成功的规定性描述必须尊重道德责任概念的工作，其特征是，规范在道德领域值得称赞和应被谴责的不同推论，区分值得称赞或应谴责的人和不值得称赞或不应被谴责的人。① 瓦格斯的解释从结果论或功利主义的角度来说是合理的，因为它以道德责任本身的要求而不是自由行动的重要性为起点来定义道德责任；就瓦格斯的目的而言，这是可以理解的，因为他本就是为了修正相容论中不合理的民间心理学概念，他关注的是道德责任概念本身，而不是自由意志所要求的道德责任。

　　除了对道德责任进行定义之外，要圆满地对道德责任进行修正主义的规定性解释还必须满足三个基本标准：

　　　　(C1)必须为责任系统提供正当的理由。

　　　　(C2)必须是符合自然主义的。

　　　　(C3)它必须有充足的标准。②

　　首先，满足第一个条件就要对"外部问题"和"内部问题"给出肯定答案，即修正主义者必须从内部和外部合理地解释自主体相关责任的理由。"内部问题"是指我们能以这样的方式去解释我们的道德评价模式吗，这样的方式是指使道德评价模式合理地记录自主体相关特点的方式吗？进一步说，内部问题是我们解释与自主体行动实践相符合的道德评价机制，即质问什么规范了我们的行动，但是其前提是我们必须清楚什么是合理的行动规范，什么是道德"应得"，这为外部条件打下了一个基础。"外部问题"是

---

① Vargas M. Building Better Beings[M]. Oxford：Oxford University Press，2013：100.

② Vargas M. Building Better Beings[M]. Oxford：Oxford University Press，2013：99-132.

指是否能证明我们的道德赞扬和负罪是合理的东西?① 所以,要成功地提供合理的责任系统,就要积极地解决内部和外部问题。

其次,第二个条件可以说是自然主义的标准,对道德责任的解释必须符合我们对科学的认知。它可以将规范性解释与民间心理学区分开来,从第三人称视角客观地考量该解释是否科学,而不是沦为感觉起来是什么或者好像应该是什么的不确定性。

最后,为了达到第三个条件,瓦格斯明确提出了一些额外的子要求标准。它们涉及责任的规范性解释、更广泛的规范性概念和更普遍的道德之间的关系。综上,规范性解释基于对道德责任概念的拨乱反正,提出了三个重要的解释标准,使得对道德责任的解释既符合自然主义和恰当的标准,又有一个合理的责任体系。

三、诊断性挑战

诊断性解释是对道德责任的民间心理学概念(Folk Psychology)②的描述和清算。瓦格斯的做法最具有代表性,始于讨论自由意志主义,他认为几乎每一个当代的自由意志主义者致力于自然主义相容论,当代大多数的自由意志主义理论对自主性的思考力求与世界上最优秀的科学观点一致。然而,瓦格斯发现大多数的自由意志主义者的观点并不符合合理的自然主义标准,没有明确而积极的证据支持自由意志主义者所提倡的那种自由意志。鉴于此,自由主义不能充分地作为我们指责和道德责任实践的基础。正如瓦格斯所说,"我们最好有一个关于责备和惩罚的正当理由,它比我

---

① Vargas M. Building Better Beings[M]. Oxford: Oxford University Press, 2013: 130-132.

② 指的是正常人,即不论是否学过心理学的一般人对心理概念进行的归属和描述,它是隐藏在每一个正常的人心灵深处、体现在人的实践行为中的概念图式。要进一步了解相关理论,可参见高新民,沈学君. 现代西方心灵哲学[M]. 武汉:华中师范大学出版社,2010: 300-302.

们是自由意志主义自主体的愿望或希望更深刻"①。

进而，他说我们对道德责任的民间心理学概念就是自由意志主义的概念，其根据是通过一些新的有影响力的实证数据表明涉及行动者及其行动的一般案例往往会引发一般受试者的不相容反应，同时，他认为支持自由意志主义的论证，例如结果论证和四例论证都是一种直觉推理，没有客观性。这样的间接推论指出我们关于道德责任的民间心理学应该像自由意志主义的道德责任观一样应当被修正或消除。

这种分析笔者认为是说不通的。首先，从方法论的角度来说，实证证据因为实验设置的人为性，并非完全客观，而且瓦格斯在分析民间心理学概念时也依据了直觉的感受。再者，许多哲学家认为民间心理学概念并非完全同一于自由意志主义概念。例如，费特兹(Feltz)和寇克利(Cokely)认为我们的民间心理学概念是碎片化的，它夹杂着相容论和不相容论的元素。如果仅仅从直觉上分析，笔者认为，后者更符合民间心理学概念的大杂烩性质。

无论如何，瓦格斯肯定一点，民间心理学概念包含自由意志主义中不合理的元素，尽管自由意志主义与合理的科学世界观一致，但是没有积极的证据支持我们有自由意志主义所说的那种自主性。② 没有自由意志主义意义上的自主性，我们就面临着道德责任缺失的威胁，面临着潜在的不公，只能被迫期待合理的道德赞扬和指责。③ 但是如果这个诊断是错误的，例如，瓦格斯也发现道德责任的民间心理学概念根本不是自由意志主义性质的，但是他仍旧认为修正主义是必要的，因为这只是一个术语上的威胁。

---

① Vargas M. Building Better Beings[M]. Oxford：Oxford University Press，2013：70-74.

② Vargas M. Building Better Beings[M]. Oxford：Oxford University Press，2013：60-70.

③ Vargas M. Revisionism about Free Will：A Statement and Defense[J]. Philosophical Studies，2009，144(1)：52.

四、动机挑战

动机挑战意味着修正主义者们承接诊断性解释的观点，即我们的民间观念有严重的问题，更重要的任务在于阻止观念本身无法挽救的结论。

要想坚持修正而不是彻底取消，首先要诉诸瓦格斯所说的哲学的保守主义原则，即我们不能把固定的承诺作为最后的手段，否则我们将面临有限的修正范围的压力。固定持久的承诺具有稳定性，在没有重大压力来修改这些承诺的情况下，它们具有一种"惰性"。但是，由此走向道德责任的取消主义很可能会对我们整个承诺网络造成很大的破坏。例如，彼乐布姆提出一种特定类型的取消主义，即尽管强硬的不相容主义假定的基本道德原则应该摒弃，但是我们仍旧可以保留许多与责任相关的承诺，如报应惩罚、怨恨和道德愤怒的承诺，因为它们对于整体的道德网络来说十分重要。因此，如果我们接受哲学保守主义的基本方法论原则，取消主义只能作为修正之后的"最后的手段"。

然而，为了充分地迎接这种动机上的挑战，修正主义者还必须精确地阐明修正主义与取消主义的区别。修正主义者至少有两种方式来区分这一点：首先，他们可能会争辩说，民间概念在面对诊断挑战时所识别出的有问题的特征并不是我们概念的构成性特征，所以我们可以成功地放弃这些特征并相应地进行修改。瓦格斯将这种修订方式称为内涵修正。

其次，承认民间概念中有问题的自由意志主义特点是构成性的，声明有一个邻近概念，它虽然不同于民间概念，但保留了这个概念的作用。瓦格斯将这种修正主义的路径称为外延式修正。这种区别也可以用语义内容来表示。内涵式的修正主义者会争辩说，我们民间概念的自由意志特征的指称不是固定的，可以抛弃，进而不需要改变术语"道德责任"的指称方式。但是外延式的修正主义者会辩称，虽然这些特性确实构成了指称固定的语义内容，但是我们可以成功转移该术语所指。

在这里，一个不那么理论化的例子可能具有指导意义。考虑一个玩具概念，shmale。假设人们普遍认为 shmale 是一种非常大的鱼，它们大部分时间待在海洋的最深处，但偶尔会浮出水面。还假设术语"shmale"的指称是固定的描述性的，而 shmale 是大型鱼类的事实是相关描述的一部分。现在，假设我们发现 shmale 实际上是哺乳动物，而不是鱼类。在发现这一事实之后，"shmale"这一概念有两种可能。一是，虽然人们普遍认为 shmale 是鱼，但鱼并不是"鱼"这个概念的必要构成或特征。此外，虽然作为鱼是目前确定术语"shmale"的指称描述的一部分，但我们也可以成功地用 shmale 指代，而不用鱼这个词。在这种情况下，内涵式修改是适当的。我们可以从 shmale 的概念和确定术语"shmale"的指称的描述中，勾画出作为鱼的特征，同时保留整体概念并继续成功地指代。二是，也许不仅仅是人们普遍认为 shmale 是鱼，"shmale 是鱼"的事实也是 shmale 概念的一个必要的组成特征，这样一来，shmale 就不能指鱼种。即是说，要么对其进行外延修订，要么消除。之所以消除它，原因在于，在上述情况下，人们无法理解 shmale 这个概念的内涵，它不能帮助我们区分 shmale 和非 shmale。但是我们可以转而借用一个邻近的概念，shmale＊，来指确实存在的生物。换言之我们一直错误地称它们为 shmale，但当我们发现它们是哺乳动物时，我们可以继续用一个不同但紧密相关的，或许在理论上更有用的概念来思考它们。在这种情况下，外延修正是合适的。

此外，修正主义者不应该选择内涵式修正，因为这种修正路径面临着两难的境地。要么他们所推荐的抛弃的内容如此广泛以致很难明白为什么它不应被视为构成性的或必要的，因此内涵修正沦为指称修订，要么其广泛度不足以激励这样的主张：诊断性挑战和规定性挑战中的持久概念之间有真正的冲突，因而内涵式修正沦为内涵式概念化。如果这是正确的，那么内涵修正实际上不是一个可行的选择。修正主义者不应追随瓦格斯，接受语义不可知论，而应全力支持指称式修正主义。外延式修正论会不会沦为取消主义呢？在某些方面，确实会。和取消主义者一样的是，两者均主张我们所坚持的概念应该被放弃，并且认为，根据"道德责任"这个术语的指称，有些地方已经出了问题。确切地说，这取决于一个人更喜欢的诊断方式，但并不意味着外延修正主义不是一个独特的立场。

与取消主义不同，外延修正主义是一种成功的理论。这里的区别可以在语义术语中清楚地表述出来。消除主义者认为"道德责任"没有外延，因此，我们应该停止使用这个词，彻底改革或抛弃那些依赖于它成功指称的案例。外延修正主义者可能会同意这个词没有延伸，或者允许它有延伸，但是对于该术语挑出来的一些属性而言，不是不符合自然主义就是不符合规范。无论如何，外延修正主义者在认为我们有理由将指称范围转移到"附近的"属性方面比取消主义者更进一步。作为外延修正主义者，我们可能会认为"道德责任"的理论术语最初错过了最重要的东西，但最终我们发现我们可以用它来指一些非常接近最初我们在寻找的东西，甚至可能做得更好，发挥相关的理论作用。把这种观点称为修正主义，可能有点误导人，或许对外延修正主义更准确的描述是将它称为替换主义（replacementism），但这也仅仅是一个术语。我们要得出的重要结论是，语义不可知论对于修正主义者来说是站不住脚的。相反，修正主义者应该放弃它，转而接受外延修正主义或替代主义。这样一来，修正主义者就能更好地驱散他们对这种观点会瓦解成传统主义或排除主义的担忧。

五、为什么要选择修正主义

首先，修正主义有可能重新定义更大范围的自由意志辩论中一些明显棘手的特征，特别是那些以进一步细化的案例和反例为基础的关于直觉交易的子辩论。对道德责任的诊断性解释和规范性解释之间的修正主义区分让我们对于道德责任直觉的可靠性提出了怀疑。如果我们的道德责任概念有明显的缺陷，那么也许传统方法论上用于描述我们概念的方法就应该在这个领域被抛弃或至少被限制。我们认识到，道德责任实际上的样子和我们所认为的它应该呈现的样子是不同的，即承认我们关于道德责任最好的诊断和规范的描述是不同的、冲突的，进而将我们的注意力从描述概念的尝试转移到更明确的对规范的关注。因此，修正主义有可能将道德回归到我们关于道德责任的理论中。对于那些需要进一步推动修正主义的人来说，大量新的实证数据是关于自由意志和道德责任相关问题的一般语言使用的直觉。传统的理论家们能够并且应该用这些数据做些什么，现在还完全不清楚。如果他们接受这一观点，它就提供了大量证据，证明我们对道德责任的普通判断远比传统理论通常假定的更加多样化、碎片化，甚至可能是矛盾的。无论一个人喜欢何种传统的责任理论，都会有很多关于我们普通判断的证据需要解释。例如，传统相容论者必须解释为什么人们在特定条件下始终如一地证明不相容主义行为，而传统不相容论者必须解释为什么人们在他人的领导下始终如一地证明相容主义行为。对于一个像传统理论一样旨在分析我们的道德责任概念的理论来说，这不是一项容易的任务。

其次，修正主义的独特之处在于，当这些数据出现时毫不保留地接受它，并认为一些普通的判断不值得我们继续理性地承诺，而无须将错误广泛地归咎于民众。对于修正主义者来说，并不是这些有问题的信念和承诺在某种深奥的形而上学意义上搞砸了一些事情，而是我们不应该理性地说继续维持它们。因此，如果一个人认真持有这样的想法，那么避免广泛的错误归咎于民间是一种理论上的美德。

第七章　自由意志与实践能动作用探原

实践的能动作用遵循唯物主义的因果规则，由于自由意志随附于基础的物质实在，它继承了基础物质的因果作用。更重要的是，它从物质世界中突现出来，已经成为复杂的整体系统，其因果作用力远远超过基础物质构成的作用力，我们通常称之为实践的能动作用，这种作用的内容和机制是什么？自由意志作为发挥能动作用的根源，又有哪些异质的表现形式，他们发挥了何种程度的作用力，这是回应并解决危机论必须要回答的问题，这个问题可以通过借鉴自由意志主义的解释和自主性现象学的内容、条件来回答。

第一节　简单的非决定论解释

简单的非决定论者认为自由意志主义下的自由意志解释没必要诉诸任何种类的"额外因素"。理解自由意志的关键在于区分两种不同方式，即根据原因解释事件和根据理由或者目的解释事件。再者，他们认为自由行动不是原因所导致的行动，但它也不受任意性或几率驱使。自由行动可以根据自主体的理由和目的进行解释。总结来说，简单的非决定论有两大要点，一是理解解释的本质；二是弄清行动的本质。这里的解释是指信念愿望等理由和目的等解释,① 它的本质回答了自由意志存在的原因, 即因为某个理由或者目的, 我们就可以自由地选择这样做或是那样做。例如, 我之所以打开了书包, 是因为我想要在书包里面找一本书, 我记得昨天放学后我将这本书放在了书包里面, 我相信这本书在书包里, 出于拿到这本书的目的, 我最终选择打开了书包。

吉内特(Carl Ginet)是简单非决定论的代表人物, 他回答了该理论中行动的本质问题, "我打开书包"这个行动为什么是自由行动而不是偶然发生在我身上的? 吉内特认为行动始于一个简单的心理行动, 即意志或者意志的行动, 该心理行动之所以能够开启自由行动是原因意志或意志行动具有"行动的现象性质"(actish phenomenal quality), 它是由行动者在行动开始时直接经验到的, 而不是偶然客观发生在他身上的。吉内特进一步说"行动的现象性质"保证了行动的开始, 要使得该行动是自由的, 就要满足非决定论的前提, 并且为理由或目的而行动。② 具体而言, 我经验到了我想拿到书的目的, 相信书在书包里, 这种经验到的目的、信念和愿望直接促使我做出了打开书包这种行动。

简单的非决定论解释自由行动的核心在于为了理由而选择行动, 但是这些理由并不是行动的原因, 这对于行动者的控制力解释是不充分的。"我想要找到书"这个愿望和我相信"这本书在书包里面"的信念在因果上导致我打开了书包, 但是并没有决定我一定会打开书包这个结果。这种简单的关于信念和愿望的理由太过于简单, 以致我们会质疑我是否最终一定会打开书包。如果在我即将打开书包的最后一刻, 我想起来图书馆也有这本书, 那么我可能就不会打开书包。

吉内特对于解释的不充分性进行了补救, 丰富了"理由"的构成元素, 除了传统的信念和愿望, 他引入意图和目的的概念, 认为目的是意图的心

---

①　在行动哲学中, 理由与原因不同, 在行动的因果链中, 自主体有决定性的原因作用, 而理由则从因果上促进自主体因果力的产生。可参见张尉林. 自主体-因果力: "自由意志危机"的一种化解[J]. 自然辩证法通讯, 2021(4): 114-119.

②　Ginet C. On Action[M]. Cambridge: Cambridge University Press, 1990.

理内容，说明自由行动是意向性的而非偶然的，"我打开书包"这个行动结果不仅是因为"我相信书包里面有书"的信念和"我想要找到书"的愿望，还因为"我要拿到那本书"的目的和意图。添加非决定性的因素的确丰富了"我要打开书包"的行动结果的解释，从表面上看，这个行动结果似乎一定会发生。

首先，就解释的内容本身而言，理由一定是意向性的吗？米勒就这一点给出了否定的回答，他认为为了影响行动，理由未必都是具有意图内容的。不论理由是否有意识，是否具有意图内容，信念愿望等理由都能影响行动的结果。

其次，就控制力解释不充分而言，增加理由的种类是治标不治本的，因为理由是非决定性的，它不能决定最终的结果，所以不能满足自由意志主义所要求的自由意志深层次的内涵，换言之，非决定性的理由解释即使添加了更多的解释因素，也不能保证行动的结果最终是由行动者选择的，不能保证行动者有控制行动结果的力量。

奥康纳就提出这样的反对：自由行动有非原因性的意志居于它们的核心这个事实从表面上看就是令人费解的。如果意志是非原因性的，根本不是由任何东西所决定而产生的，那么它也不会由我导致而产生。如果我没有决定它，它就不是在我的控制之下。① 简单非决定论中的行动始于"行动的现象性质"，这种"感觉起来之所是"的行动是主观的，出于第一人称视角，它的存在就会受到质疑，如霍巴特(Hobart)认为简单非决定论中的自由始于"没有原因的意志"，这与个人的自由是"不相称的"，这里的自由变成了一种"奇怪的恶魔"。② 简言之，"行动的现象性质"经验可能是行动者的幻觉，再加之自由的行动不是原因导致的，我们不能确定该自由行动是否为真。

---

① O'Connor T. Persons and Causes：The Metaphysics of Free Will［M］. New York：Oxford University Press，2000：85-95.

② Hobart R E. Free Will as Involving Determination and Inconceivable without it［J］. Mind，1934，43(169)：5.

简单的非决定论在拒绝采用"额外策略"的情况下未能成功说服人们理解非决定论前提下的自由意志，于是哲学家们将视线投向行动的因果链，发现事件在自由的行动中有不可替代的因果作用，继而借助"事件"这一额外因素分析并解释在非决定论的前提下自由的行动如何产生。在考察的过程中，因为事件类型不同以及因果链过程有差异，所以具体又形成了两大类子理论。第一类是一种典型的事件因果关系理论，谓之"中心解释"（centered），其最权威、影响最大的代表人物就是罗伯特·凯恩（Robert Kane）[①]；第二类是"思虑性非决定论"（deliberative indeterminism）。

第二节　心理事件的能动解释

一、中心解释

凯恩持有的"中心解释"将非决定论置于自由行动结果产生的核心地位，他不仅反对非决定论会削弱自由行动的产生，还认为恰恰是非决定论说明了自主体的控制力和能动性。为了说明这种看上去似乎矛盾但实则对自由意志的支持者来说特别有吸引力的理论，凯恩从上升问题和下降问题的概念框架出发。

上升问题（ascent problem）包含相容论问题（compatibility question）和重要性问题（significance question），相容论问题指的是自由意志与决定论是否能相容？重要性问题是指我们为什么想要占有一种与决定论不相容的自由意志？即为什么那是值得我们追求的自由？下降问题（descent problem）包

---

① 另外还有马克·巴拉格尔（Mark Balaguer）、劳拉·埃克斯特姆（Laura Ekstrom）、克里斯托弗·弗兰克林（Christopher Franklin）、大卫·霍奇森（David Hodgson）、米勒（Alfred Mele）、诺齐克（Robert Nozick）、理查德·索热布吉（Richard Sorabji）、皮特·范·因瓦根（Peter van Inwagen）和大卫·威金斯（David Wiggins）、约翰·塞尔（John Searle）等也有相关论述。详情请参阅 https：//plato. stanford. edu/entries/ incompatibilism-theories/#2.

含可理解性问题（intelligibility question）和存在问题（existence）。我们可以理解与决定不相容的自由意志吗？或者说，不相容的自由意志解释是可以理解的吗？这种自由本质上说神秘吗？存在问题是指这种自由在自然秩序中是真实存在的吗，它在哪？

首先是说明相容性问题和重要性问题。凯恩从自由意志的定义出发，着重强调了意志的自由，而非仅仅只有行动的自由。自由意志是一种力，这种力使得行动者得以成为其行动最终的创造者，得以维持其自身的目的。因为目的是意向性的，而且我们通过做选择或做决定来创造目的，所以目的的维持需要意志的努力。

其次，基于对意志努力的关注，他提出自由意志包含两个条件，进而坚持不相容论，认为自由意志与决定论是不相容的。其中一个条件是行动者须有"多种可供取舍的选择"（alternative possibilities，AP）；另一个更重要的条件是"最终的责任"（ultimately responsibility，UR），为了最终能对行动负责任，行动者必须对使得行动发生的理由或原因负责任，至少负一部分的责任。UR 条件解释了自由意志含义所要求的"最终创造者和维持者"的条件。

就 UR 和 AP 的关系而言，凯恩认为只有 UR 得到保证，才能有后续的 AP 和非决定论的条件。他提出"自由意志的双重倒退"，第一重倒退是，因为行动者是自愿行动，所以在充分理由的层面上，要为其行动负责任，由此得到结论认为有些行动必然是非决定性的。第二重倒退是，行动者在拥有充分动机的基础上对其拥有充分理由的行动负责任，由此推论出行动者既可以这样做也可以那样做，[①] 因此，他认为 AP 和非决定论都是由 UR 得出的，并在 UR 条件上融合。因为 UR 条件对于自由意志而言更重要，所以他基于 UR 条件的需要来取舍 AP 条件，在一般的行动类别中，即使没有许多供行动者选择的行动可能，行动者也可能要为其行动负责。但在

① Kane R. The Dual Regress of Free Will and the Role of Alternative Possibilities[J]. Philosophical Perspectives, 2000, 14(14): 57-80.

自我形成的行动(self-forming actions，SFAs)中，由于 UR 要求我们既可以这样做，也可以那样做(could have done otherwise)，所以行动者必须有多种可供取舍的行动选择。

AP 也不容忽视，只有当行动者既可以这样做，也可以那样做时，才是真正的意志自由。即是说，自由意志要满足"多样性条件"(plurality condition)。行动者拥有自由意志，其前提是行动者可以用多种方式，而不仅限于一种方式去自愿地、意向性地以及理性地行动。凯恩认为，在"多样性条件"下，要想不相容论的自由意志不陷入概率或运气的任意性中，①行动者在选择行动时，而不是选择之前，以某种或他种方式自愿或意向性地设定好了他的意志(will-setting)，确定好了行动的意愿。

综合而言，凯恩从定义自由意志出发，找到了满足该定义的 AP 和 UR 两个条件，其中本质条件是 UR，核心在于证明行动者是其行动的最终决定者和维持者。因此，凯恩认为，在多样性条件下，在自我形成的行动(SFAs)中，行动者的意志必须是自我设定好的。多样性条件对应了 AP 条件，行动者既可以这样做，也可以那样做，也强调了非决定论的前提。后面的自我形成行动中的意志设定也保证了行动者是行动的源头。

凯恩认为，就非决定论的前提而言，并不需要也不一定所有的行动都遵循非决定论，只要在行动者意志设定好的自我形成的行动中，最终结果的形成是非决定性的，就足以说明自由意志的非决定性。非决定论条件下自我导致的行动是怎样形成的？当行动者(自我)面临不同行动的选择时，在各种不同的、冲突的动机或想法中克制一些想法，又成全另外一些想法。这个过程有冲突，也有不确定性。基于脑科学解释，这个过程反映在大脑的某些特定的区域，具体而言，在神经层面上，大脑中的一种混乱过程使得行动者对微观的不确定性十分敏感。在这种不确定的情况下做出最后的决定并不能说明结果是决定性的，由于在前的不确定的选择过程，结

---

① 不相容论中，承认非决定论下的自由意志，但非决定论将陷入无固定因果规则或随意性，即概率或运气的窠臼中。

果最终由意志形成。①

"形成最终的意志"这个要素是凯恩解释非决定论的自我形成行动的核心，也是其"中心解释"为读者所能理解的关键之所在。行动者不论做出何种决定，不论做了某个决定与否，最终的结果都是行动者在做最终决定时，通过自身的意志设定好的。凯恩说，当自主体在多种选择面前做决定时，之所以非决定性的努力发展成决定性的选择，是因为他们倾向于某些理由或动机，而不是其他的理由或动机，因而做出了决定。这个决定行为就叫意志的设定。但不是行动选择的整个过程都是意志设定好的。意志设定(will-setting)不同于意志设定好(will-settled)，在意志已经设定好的情境中，不相容论是不可能的，因为当自主体的意志已经确定好一个选择选项时，要同时做相反的事情是不理性的。但是，意志处在设定状态意味着自主体还没有确定实施哪个决定，只是对于其中一个选项有更强烈的愿望，所以意志设定说明了自由意志的非决定属性。

凯恩认为，决定论是不合理的。决定论认为某行动是否会发生取决于自主体是否激活了相应的神经元。自主体不必在单个的神经元层面，即微观层面成为行动的原动者。在目的性的、理性的自我形成的行动中，不管单个的神经元如何阻碍某行动或激发某行动，自主体只要在宏观层面上达成自己的目的，就拥有自由意志。这个过程中的非决定论并不会削弱控制和责任。例如，我正在想今天是去 A 食堂吃饭还是去 B 食堂，在我做决定时，我大脑中的各种不同神经元相互作用，处于一片混乱的局面。不论我最终选择了哪一个食堂，只要我聚精会神地思考了这个问题，并且做出了最终的决定，我都必须为自己的决定负责，即是说，不管我选择的食堂好不好吃，那都是我自己的选择。我在经历神经元混沌时，克服食堂 A 距离我更近的诱惑而基于食堂 B 干净或有我爱吃的炸薯条等理由，努力得到了选择结果食堂 B。

---

① Kane R. The Significance of Free Will [M]. New York：Oxford University Press，1996：130.

　　自主体是凯恩解释自由意志的另一个核心要素。虽然自由行动是根据事件来解释，但为了回应行动的控制力问题，凯恩并不否认自主体的关键作用。凯恩借鉴了亚里士多德式的实体观点，认为自主体是本体论上持续存在的实体，兼具心理属性和物理属性。在自主体如何对行动发挥作用这一点上，他主要借鉴了神经生物学的相关科学成果，认为自主体是"回应信息式的复杂动力系统"（information-responsive complex dynamic systems）。"复杂动力系统"是"动力系统理论"或"复杂性理论"的一部分，该理论认为，自主体是由于摆脱了热力学平衡，在几乎混沌的状态下由于巨大的复杂性而产生的突现实体。当自主体作为突现实体产生时，反过来作为整体对其自身各部分的行动实施新的限制，而在新的更大的复杂性发挥作用时，各部分又产生了新的整体性的自主体。总的来说，自主体作为复杂的动力系统发挥的因果作用是交互式的，它不是简单的一对一、个体对个体的作用，它是整体对部分、部分对整体式的非决定性的因果关系。① 即这种因果作用方式不是一对一的可还原式的，不是像积木搭建那样，无论最终的搭建成果是什么，都可以还原为一块块的积木。

　　就整个行动的因果关系解释而言，凯恩不否认自主体因果关系，他认为自主体因果关系是一种下向因果关系，即概率性的因果关系。他指出，我们不必在自主体因果关系和事件因果关系之间做选择，两者并不矛盾，他选择兼顾两种因果关系来解释自由意志。但作为事件因果关系的代表人物，凯恩提出的两种因果关系理论与自主体因果关系理论的不同之处在于，前者虽然承认自主体因果作用，但是认为最终导致行动的是事件，而不是自主体，然而，对于后者而言，自主体作为原因对行动结果有直接的决定作用，事件或相关理由只能起到解释行动的作用。

　　由于凯恩将非决定论置于行动的中心位置，其对自由意志的解释力度遭到了许多哲学家的质疑，其中最有名的就是"运气反对"。如果不同的自

---

① Kane R. The Complex Tapestry of Free Will: Striving Will, Indeterminism and Volitional Streams[J]. Synthese, 2019(196): 145-160.

由选择都是源于自主体相同的过去，似乎就没有办法根据自主体之前的全部性格、动机和目的解释为什么做了这个决定，而不是别的另外一个决定。选择的差异，如选择了这个而不是那个，由此看仅仅只是运气的问题。[①]

首先，凯恩并不否认运气本身的重要性和正确性。他不仅不否认运气和任意性的存在，还肯定非决定因素在自主体目标导向行动中的作用。他认为，自主体面临多种互相冲突的选项时，它们对自主体的决定有阻碍作用也有促进作用，失败或是成功都是不确定的，这种不确定性使得自主体既可以这样做，也可以那样做。

其次，凯恩不认为该论证会大大削弱自由意志的存在。他规避自主体的过去对于自由意志的重要性，认为只要自主体是行动最终的决定者，不论选择哪一个决定，都能说明自主体拥有自由意志。因为自主体相同的过去这一点并不能说明以下四点：自主体并未导致决定的产生；自主体对某个选择产生与否没有控制力；决定不是理性的；自主体不是有意做的决定。

运气反对论证反映了自我形成的行动过程包含任意性。凯恩认为自由的选择并不能完全由过去（包括过去的原因或理由）来解释，行动过程中的任意性与在前的理由息息相关。正如凯恩自己所说，与在前理由相关联的任意性告诉我们，每一个非决定性的自我形成的行动都是通向未来的一条崭新的道路，这条道路的合理性在于未来，不能完全根据过去来解释。他认为行动的形成不完全由过去的理由或原因决定，只要它与这些因素保持一致就行。

有人基于研究方法批判凯恩的自由意志主义思想，认为从直觉出发，如果选择是非决定性的，结果一定是受运气驱使的，是任意的。首先，要澄清一个概念问题，即决定论不等于因果规律。凯恩否定决定论，但他认可因果关系，准确地说，他支持概率性的因果关系，即非决定性的因果关

---

① Mele A. Review of Robert Kane's the Significance of Free Will [J]. Journal of Philosophy, 1998, 95(11): 583.

系，"非决定性并非意味着非因果性"。他认为非决定论可以通过意志的努力这一点因果地解释自由的行动，因为非决定论是该努力的一种属性，而不是发生在意志努力之前或之后的单独事件，所以非决定性并不能削弱自主体的意志努力或控制力。其次，凯恩否认基于直觉的方法，自主体自身的第一人称视角或直观感觉可能是一种幻觉，或者说"内省的证据并不能窥探自由意志的全貌"①。他借助了许多科学成果来论证他的观点。

平行处理的观点是理解自主体实施自由意志的关键，正因为自主体有平行处理的能力，所以自主体才能在自我形成的行动中同时努力解决多种相互竞争的认知任务。凯恩认为，在自我形成的行动中，不论自主体选择哪一条路，他都会成功地实现他在努力（endeavor to do）做的事情，因为当他做选择的时候，他同时在做两件事情，选定一个结果，抵制其他选择，他没选择一些行动选项不代表他努力失败，不选择这些选项意味着选择了其他的选项，这个过程中的努力是一体的。这个观点依据的是认知科学解释，即大脑是平行处理器，它可以通过不同的神经路径同时处理不同类型的任务信息，例如认知或识别。他认为平行处理（parallel processing）发生在大脑中视觉感知的认知现象中。具体而言，大脑通过平行的和分散式的神经路径或神经流分别处理具有不同特点但相互交错的视觉场景，例如实物和背景。这个过程可能我们内省不到，但是科学证实了这一点，那么内省不到的并非不存在。

就凯恩的事件因果关系理论而言，弄清自主体的控制力类型，就理解了不相容论下的自由意志，进而有利于理解行动链中的关键一环，即自主体在非决定论条件下如何实施其控制力。由于非决定论的前提条件，自主体不是在行动决定之前就拥有决定性的控制力，即在前的决定力（antecedent determining control，ADC），也不是一种直接性的微观层面上一对一的控制力，而是作为整体对其部分的宏观上的控制力。同时，非决定

①　Kane R. Rethinking Free Will：New Perspectives on an Ancient Problem[M]//Kane R.（eds.）. The Oxford Handbook of Free Will. 2nd ed. Oxford：Oxford University Press，2011：391.

论削弱了以目的为导向的控制力(teleological guidance control,TGC),使得自主体的意志流是否能实现目标变得不再确定。但是,通过分散式的处理,复合式的自愿控制类型(plural voluntary control,PVC)变得可能。即是说,"在某个时刻,自主体根据控制力和机会做出某个选择或因为做了另一个选择而不做某个选择"。非决定论要么阻碍某个选择,要么倾向于某个选择,它以不确定的方式使得自主体的行动是自愿的、意向性的以及理性的。

二、思虑性的非决定论解释

不赞同相容论作为决定论的事件因果关系,但是又认为非决定论会阻碍自主体做出自由的决定或行动,思虑性的非决定论者认为,非决定论在自主体做决定时会削弱自主体的控制力,但是非决定论在行动链的早期阶段必不可少,因为它恰恰说明了早期做出的决定未必会执行,进而解释行动结果的唯一性。

丹尼尔·丹尼特(Daniel Dennett)的事件因果关系解释是思虑性非决定论的典型代表,它兼顾非决定论和决定论的成分,认为在自主体开始考虑之前,各种不同的想法以非决定论的方式进入自主体的大脑。这表明进行选择之前是有多样性和随机性存在的,但只要保证自主体在做最终的决定时事件有决定性的一对一的作用,就能得出自主体拥有主动的控制权。

当我们面对重要的决定时,给出考虑的人在某种程度上是非决定性的,他产生了一系列的考虑,然而有些考虑立马就被抵触了,因为它们与自主体不相关。那些被自主体挑选出来的考虑对决定更重要,继而在推理过程中拥有话语权。如果自主体是理性的,那些考虑最终就可以预言和展示自主体最终的决定。①

---

① Dennett D C. On Giving Libertarians what They Want[M]//Dennett D C. Brainstorms. Cambridge:MIT Press,1978:295.

丹尼特论述了自主体做决定的过程，自主体在行动前有诸多考虑选择，哪些考虑会进入自主体的决定范围是非决定性的，但是，一旦自主体选定了相关的考虑，这些考虑对自主体的最终决定就有决定性的因果作用。

与丹尼特类似的是，阿尔弗雷德·米勒认为，在自主体考虑之前，未进入自主体大脑的或者说未发生的信念和愿望以非决定性的方式进入自主体的大脑。如果之前有固定的自然规则，这样信念可能不会发生。当自主体行动时，在前的事件导致这些信念偶然发生。自主体挑选出来的最佳考虑最终决定性地导致了其自由的决定。

即使当自主体即将做出一个更好而关键的判断，一个新的信念非决定性地进入心灵时，也可能会促使某些保留，这个保留进而导致自主体能重新考虑、判断。所以，在可以想象的场景中，只要持续考虑，自主体决定性地做出的最佳判断在因果上就是开放的。进一步来说，只要考虑正在进行中，当某个考虑将要结束时，这个考虑在因果上就是开放的，因为不论信念是否会被考虑，甚至被持久考虑，这个考虑在因果上都是开放的。①

因而，米勒所持有的事件因果关系观点亦可称为一种适度的自由意志主义。他认为，在自主体还未做出最终的决定时，有多种信念愿望，究竟哪一种理由在自主体考虑的时候出现且发挥作用在因果上是不确定的，因为这个过程是由在前的事件导致的，它们在固定的过去和自然规律的条件之下可能不会出现。一旦最佳的理由产生并开始对自主体的考虑起作用，它就对行动的选择产生了决定性的影响，因而决定性地导致了自由的选择。

米勒提出的适度自由意志主义包含一种"内在于自主体"的非决定论，认为自由行动有最近端的原因，例如自主体的决定，这些原因是内在于自主体的。如果自主体在 A 世界中于时刻 t 自由行动的话，在自然规则和过去条件相同的情况下，绝不会在其他可能世界中于 t 时刻采取自由的行动。一般的自由意志主义的非决定论不仅是指自主体有开放性的多种行动选

①　Mele A. Autonomous Agents[M]. New York: Oxford University Press, 1995: 271.

项，还认为行动的结果有多种可能。但该理论不认为自由行动的最近端原因非决定性地导致了行动。米勒说：

> 众所周知我们有三种观点，一是相容论者没有充足的理由坚持认为决定论在自主体考虑的过程中是自治的必要条件；二是内在的非决定论是一种现实；三是这种非决定论并不会削弱自主体对其考虑的非终极的控制……即是说，在上面提出的三个观点的交叉处，自由意志主义者选中了终极激发型的非决定论，适度的自由意志主义者尝试在这三个观点的交叉点提出自己的观点。①

适度的自由意志主义者既需要内在的非决定论，又害怕这种非决定论，他们倾向于限制内在的非决定论。该理论认为，自主体可以充分控制他们的考虑，这种充分性可以体现在最终的决定中。但就行动考虑的过程而言，信念愿望是非决定性地进入自主体的考虑之中的。这些将被自主体考虑的非决定性的信念愿望对于自主体的决定而言有一种间接的作用，它们使得自主体有多种选项可以选择，因而非决定论在此过程中替代了运气因素成为多种可取舍选项的原因，但是这并不代表非决定论解决了最终决定的问题，在适度的自由意志主义理论中，我们可以将它仅仅视为一种供自主体考虑的输入过程。

能够证明米勒的适度自由主义，最有名的模型就是两阶段模型。根据适度的自由意志主义的"两阶段模型"，自主性的自主体（autonomous agents）拥有一种自控能力，这种能力与形而上学的自由意志相关。在行动早期阶段，非决定论毋庸置疑，但是在后续做决定的阶段，就米勒的理论演变而言，越来越倾向于非决定论，但他不否认适度的决定论。有这样一种可能性值得探索，即把完全考虑成熟的意向性的行动的后半部分的相容论概念与该行动前半部分的不相容论的概念结合起来。例如，通过相容论

---

① Mele A. Autonomous Agents[M]. New York：Oxford University Press, 1995：235.

式的外在行动对待来自近端决定性的更好的判断的过程，然后在导致近端决定性的更好的判断的过程中为非决定论找到理论上有用的去处，这样一来，在保存大量的非最终性的自主体控制力的同时获取"最终的控制力"。①

两阶段模型结合了早期阶段的非决定论和控制阶段的相容论。同时，鉴于适度的自由意志主义认为自主体的责任有运气因素，为了进一步说明自主体能够自由行动，在继承该模型的基础上，他提出了一个相关的观点，即"软自由意志主义"。软自由意志主义者认为，事件不可能在产生之前就已经在导致行动的意图和决定了，在这一点上他们不接受决定论。但是不像强硬的自由意志论者，软自由意志论者认为在自主体拥有自由和道德责任的前提下，决定论与"行动取决于自身"是一致的，就像适度的自由意志主义中的第二阶段一样。软自由意志主义与适度自由意志主义的不同之处在于，它不需要强大的 AP，软自由意志论者并不断言自由行动和道德责任需要决定论的虚假性。

与凯恩不同，米勒否定运气因素在行动决定过程中的解释作用，继而将"软自由意志主义"发展成一种"大胆的软自由意志主义"（daring soft libertarians），该理论特别重视非决定性的决定力，一种初始的力量，不太重视非决定性的或随意的决定。换言之，大胆的软自由意志主义特别看重最终作出决定的力，这种力是一种非决定性的初始力。这是一种事件因果性的软自由意志主义，属于事件因果关系的范畴，因为它选择心理事件作为行动结果的原因。它对于 AP 的要求降低了，但是对于非决定性的自由行动解释是完整的。该理论在判断行动的关系问题上有所让步，认为这里可以用决定论来取代非决定论，但是这里的决定论不是硬决定论，而是承接的适度自由意志主义中第二阶段的适当的决定论。

行动的概率，即实际的概率，对于自主体而言并不总是强加于其身上的。通过他们过去的行为，自主体塑造了现在的实际概率，并且通过他们现在的行为塑造了未来的实际概率。自主体和他们行为的概率之间的关系

---

① Mele A. Autonomous Agents[M]. New York: Oxford University Press, 1995: 212.

与骰子和投掷结果的概率之间的关系非常不同。诚然，在掷骰子的例子中，未来抛硬币的概率与过去抛硬币的结果是独立的。然而，自主体未来行动的可能性受到他们现在和过去行动的影响。①

大胆的软自由意志主义认为，在绝大多数基本的自由行动案例中，以及在自主体基本上要负道德责任的行为中，自主体对相关的实际可能性负有一定的责任。这些可能性不是由外部力量决定的，它们是由行为者在过去所有的基本自由和道德上负责任的行为所影响的。

米勒认为概率和运气是真实存在的，他不否认有些事情的发生是运气导致的，但运气不一定是行动的直接原因，但是非决定性地进入自主体考虑选项中的理由并不蕴含着自主体对行动结果没有控制力。

另外，劳拉·埃克斯特姆（Laura Ekstrom）和大卫·洪森（David Hodgson）对事件因果的解释，也十分具有独特的思虑性非决定论的意味。埃克斯特姆基于法兰克福关于自由行动的层级模型，② 提出行动者自由的行动要取道正常的因果过程，该因果过程来自行动者的偏好，而不是一个判断。这里的"偏好"（preference）相当于愿望，但与法兰克福所提出的在任何基础或无基础上形成的最终愿望不同，偏好并非强制形成或维持的，它形成的因果过程是非决定性的。就偏好对行动结果的决定性作用而言，由于自由行动来自自我，所以偏好是个人同一性的关键构成要素。③ 具体来说，当行动者考虑他更想要做什么时，有许多考虑选项作为非决定性的原因供行动者选择。

洪森强调意识的格式塔（完整）经验，认为"格式塔经验特点太多，以致不能在自然规则的情况下作为整体发挥作用，因为格式塔经验与计算规则并不能接洽，所以行动者对格式塔经验的回应不由任何形式的规则所决

---

① Mele A. Free will and luck[M]. New York: Oxford University Press, 2006: 122.

② 自由行动的层级模型包含了自由行动时我们想做的事情和我们更想要做的事情，即是说，不是所有我们想做的事情都是我们最后真正要选择去做的事情。

③ Ekstrom L. Alienation, Autonomy, and the Self[J]. Midwest Studies in Philosophy, 2005(29): 45-67.

定"。但是洪森认为，经验的主体能作为一个整体回应，但并不是作为实体发挥作用，他说："我认为自主体的确会导致自由的决定，因为他们导致了这件事情的发生，而不是那件事情的发生……然而，我并不认为这个过程中自主体所做出的任何努力是附属在与自主体的相关事件所作的贡献上的。"①

第三节　自主体的能动因果作用

一、不可还原的实体因果关系

为了解决自由意志主义的"下降"问题，自主体因果关系利用"自主体"这个额外策略说明非决定论的条件下自由的行动如何可能。自主体因果关系是"内在因果关系"（immanent causation），但事件因果关系是"外在因果关系"（transeunt causation）（齐硕姆）。自主体因果关系不同于事件因果关系，它是不可还原的实体因果关系，之所以称为内在的，是因为自主体作为整体导致其各部分的变化。②

自主体因果关系是实体的因果关系，因为实体比事件更有可能拥有因果力。齐硕姆是该理论的先锋，他认为如果我们只考虑无生命的自然对象，我们可能认为，一旦因果关系发生了，它就是事件或各事件状态之间的关系。大坝崩塌这一事件是由一系列的其他事件导致的，如大坝不结实、洪水凶猛等。但是如果某人对某事负责的话，那么某个事件（他的行动）不是由其他事件或事物状态决定的，而是由自主体所导致的，不论这个自主体是什么。齐硕姆认为，自由行动不完全是由在前的情况、事件或

---

① Hodgson D. Rationality + Consciousness = Free Will[M]. Oxford：Oxford University Press，2012：153-154.

② Steward H. A Metaphysics for Freedom[M]. Oxford：Oxford University Press，2012：224.

事件状态导致的，即行动的原因是自主体，而且不可还原为在前的事件或情况。即是说，在过去同样的物理和心理状况以及自然规则的前提下，自主体由于自身的原因既可以这样做，也可以那样做。假设我在高速公路上为了躲避突然发现的前面的车辆，操作方向盘，向左边紧急变道，导致剐蹭上了左前方突然刹车的汽车，从事件因果关系的角度来说，是我向左操纵汽车方向盘这件事导致了剐蹭事件的发生，但从自主体因果关系的角度解释，剐蹭事件的原因就在于司机我这个行动的自主体，而不是其他。自主体因果关系的不可还原性确保了非决定论前提。

从解释效力层面来说，自主体因果关系更能说服自主体对自己的所作所为负责任，因为它保证了行动链的源头，即自主体原因作用，满足了"深层次"的自由意志含义。正如泰勒（Taylor）所说："一些因果链有开端，它们是以自主体自身为开端的。"①齐硕姆说："当我们行动时，我们每个人都是不动的原动者（prime mover unmoved）。在做我们要做的事情时，我们导致了某些事件发生，而且没有什么，或者说没人使得我们导致那些事件的发生。"②

在自主体因果关系框架中，为了论证自由意志的动力学机制，准确理解原因的含义十分必要，自主体因果力则是解决该问题的有效途径。里德（Reid）说："原因的含义很有可能源于我们自身为了创造某些结果的力量经验，这是非常合理的。"③再者，从解释的连贯性出发，与笛卡儿式的非物质心灵的自主体相区分，自主体原因作用要如何确保自由的行动不是概率或任意性的结果？最后，困扰自主体因果关系的是无限倒退问题，即如果我是我的选择的自主体原因，那么我同样也是我的选择的自主体原因的自主体原因，无限循环下去，只要不解决自主体原因这个根源性问题，自由意志最终就沦落成运气、概率或任意性的后果。所以自主体是怎样作为

① Taylor R. Metaphysics[M]. Englewood Cliffs: Prentice Hall, 1974: 56.

② Chisholm R. Human Freedom and the Self[M]. Watson G. (eds.). Free will. Oxford: Oxford University Press, 1982: 24-35.

③ Reid T. The Works of Thomas Reid[M]. Holdeshein: George Ulm, 1983: 599.

原因在行动中发挥其作用的？自主体这个"不动的原动者"将如何可能？

二、自主体

理解自主体是回答自主体因果关系行动机制的基础，心身关系则是理解自主体的根本。如果将自主体归为笛卡儿式的非物质的心灵，那么自由意志很可能就会陷入神学视角下上帝的专利，更多的心灵哲学家认为没有必要诉诸非物质的自主体心灵。自主体因果关系理论的持有者在哲学的党性原则上都与马克思主义哲学殊途同归，坚持了自由意志的物质本原。格里菲斯（Griffith）在坚持物理主义的前提下持有构成论，即认为自主体是由身体构成的，但与身体不同一，这个被构成的自主体对象具备构成成分身体所没有的因果力。提普（Timpe）和雅各布斯（Jacobs）捍卫一种自主体因果关系的自然主义解释。

经典的自主体因果关系观点认为，"自主体是通过自主体导致事件的，而不是通过某种方式行动"①，但有些自主体因果论者认为自主体导致的不是行动，而是行动结果（action-result）。再者，奥康纳认为，自主体的行动是正在被导致的事件（the causing event），而不是已经被导致的事件（caused event），他说活动是自主体"意图状态即将所成的样子"发挥因果作用，进而导致行动的结果。奥康纳（2000）认为非决定论和事件因果关系皆未解决控制的问题，原因在于"他们试图建立一种自由的、负责任的自主体所独有的控制，而又缺乏相应的独特的本体论资源"②。于是他诉诸能动性理论，该理论强调自主体和内在事件之间的非还原因果关系，即自主体因果关系，其中对自主体的本体论探讨十分具有说服力，且影响广泛，其主要的理论依据就在于他对于其本质上的原初属性——自主体因果力的探讨。

---

①　Lowe E J. Personal Agency：The Metaphysics of Mind and Action［M］. Oxford：Oxford University Press，2008：6.

②　［美］蒂莫西·奥康纳. 个人与原因［M］. 殷筱，译. 北京：商务印书馆，2015：10.

自主体—因果力是奥康纳自主体因果关系本体论问题的重中之重。奥康纳认为，自主体—因果力是保证自由意志的必要条件，它是"一类效应（执行意图形成）的结构化倾向"①，拥有其本质上就具有的因果力，潜在地引起自主体内的某一事件发生，进而产生行动。自由意志是由自主体自身的自主体—因果力所决定的行动选择权和自我决定权，内外因素作为理由在因果上对自主体的因果能力有影响，但是决定性因素即原因是自主体—因果力。

从本体论上来说，自由意志包括殊相和共相，共相载于殊相之中，而殊相自主体是共相属性和自主体—因果力的载体，是行动产生的根本原因，"一个事件的原因不是自主体内的状态或者事件；相反，是自主体自己，即一种持续的实体"。② 要想弄清楚自主体—因果力，抛弃自主体而独论因果力将毫无意义。从内容上说，自主体因果关系包括"相对固定的倾向"和"长期的一般意图和目的"，而自主体是"直接、自由引起某个结果的殊相……能想象出行动的可能过程并能够具有关于那些可能选项的愿望和信念"③。首先，自主体是行动产生的直接原因，他不需要借助任何事件，只需要依靠自身的能动性就能直接导致行动的产生，具体而言，自主体首先直接引起意图状态，形成一个行动的选择，继而一系列典型的延伸构成了更广泛的可观察行动的事件——因果过程的开始。总而言之，自主体和行动之间存在着可还原的因果关系。更深一步，就自主体这个殊相本身而言，他是"包含在持续的时间间隔中的每一个时刻都存在的事物，该事物永久存在，不依赖于暂存性的组分"，自主体是在时间中持续的实体，只有这样，自主体才能在其生命存在的每个时刻出现，而不是在某个时刻与

---

① O'Connor T. Agent-Causal Power[M]//Russell P, Deery O. (eds.). The Philosophy of Free Will. Oxford: Oxford University Press, 2013: 234.

② O'Connor T. Agent-Causal Power[M]//Russell P, Deery O. (eds.). The Philosophy of Free Will. Oxford: Oxford University Press, 2013: 3.

③ [美]蒂莫西·奥康纳. 个人与原因[M]. 殷筱，译. 北京：商务印书馆，2015：149.

其所处的整体状态一致，以便发挥其自主体的原因作用。此外，自主体是"具有不可还原属性和能力的生物学实体"①，自主体作为一种"生物学实体"，是由物理属性构成的，但是自主体的能力"肯定不能还原为他们微观物理组成部分的能力"，这与"自然因果统一论"相容，因为"宏观现象通过自然微观物理因果过程呈现出来，并且它的存在继续因果地依赖于这种类型的过程"②，自主体是行动存在的前提条件和表现方式，它们是条件与结果、内容和形式的关系，但这并不意味着行动是由自主体构成的，因为这是决定论的观点，而决定论体现的是整体与部分的关系，与上述关系有根本性的区别。

自主体因果关系是一种"单一论"，它只适用于一个特定的例示，它的本质是"个体性"的，而不是一个"总体性的事态"。既然自主体是行动产生的直接原因，而且这种因果关系是个例的，那么继续探讨自主体为什么能直接引起行动产生以及怎样引起十分必要。奥康纳认为，"积极能力"即"自主体—因果力"是自主体直接引起行动产生的原因，而这种力的根源在于"某个属性或某个系列属性"，因为这些属性的功能具有多样性，所以因果力也具有多样性，以致自主体能够自由行使自己的能力，而在具体行使能力的过程中，自主体局限于一个范围，最终决定的形成取决于特定的某个时刻自主体的自由抉择，而对于事件因果关系而言，这个能力只能产生唯一的一个结果，所以，因果力是自主体因果关系和事件因果关系的共同理论基础，差别只在于行使的方式不一样，在自主体因果关系中，最终的决定性关键因素取决于自主体自身。

那么自主体—因果力是什么？首先关注其根源属性。它的基础属性可以称为"共相"，这种共相不是柏拉图式的先验式的共相，它是从"殊相"即现实的自主体中抽象出来的实在，是物理世界的固有成分，而且这个实在

①　[美]蒂莫西·奥康纳．个人与原因[M]．殷筱，译．北京：商务印书馆，2015：152.

②　[美]蒂莫西·奥康纳．个人与原因[M]．殷筱，译．北京：商务印书馆，2015：226.

与"两面论"一致，有其一定的本体论地位，它不依赖于其他别的实在或例示，所以是"原初"属性。这种原初属性具有不可还原的意图上的倾向性，这种倾向性不会使具有它的自主体殊相必然地产生某个特定的结果，而是产生一个不定的概率性的结果。从这些属性本身的产生来看，奥康纳认为有些属性是突现的自然属性，这些属性的出现"是潜在基础属性的某些联合因果潜能的函数"①，换句话说，突现属性发挥作用必须依赖于基础属性，他甚至认为突现属性是"随附于基础属性的"②，但是突现属性发挥的因果作用远远超越了基础属性的潜能，这个观点与自然主义是相容的。

弄清了其根源——属性共相的本质和来源之后，属性基础之上的因果力便可以得到更清晰的回答了。正如奥康纳所说，自主体—因果力是"一类效应（执行意图）形成的结构化倾向，如此以致在任何既定时间，对于每个具有因果可能性的特定自主体因果事件类型来说，有一个确切的(0，1)内的客观发生概率"。③ 换言之，自主体—因果力使得自主体产生一个行动意图，但是这种产生是概率性的，而自主体本身对这个概率有影响，当理由条件具备时，自主体便按照意图或倾向去行动。自主体—因果力之所以是"结构化倾向"，原因在于其根源的属性所具备的意图上的倾向性的本质，所以进一步说，这种"结构化的倾向"不指向任何特定的结果，即它没有明确的目标，只是赋予自主体一种力，这种力可以潜在地而非必然地引起自主体内的某一事件。但是自主体—因果力对行动的产生是起决定性作用的，因此从本质上说，它是有"目标指向性的"，指向的目标虽然只是使自主体可能产生某个行动意图，但是没有这种力，自主体不可能产生某个行动意图。

① ［美］蒂莫西·奥康纳. 个人与原因［M］. 殷筱，译. 北京：商务印书馆，2015：150.

② ［美］蒂莫西·奥康纳. 个人与原因［M］. 殷筱，译. 北京：商务印书馆，2015：226.

③ O'Connor T. Agent-causal theories of freedom［M］//Kane R.（eds.）. The Oxford Handbook of Free Will：Second Edition. Oxford：Oxford University Press，2013：233-235.

与奥康纳实体性的自主体因果观点不同，克拉克认为持续的实体和事件不一样，并不能产生一个事件结果，只有该实体导致的某个事件才可以产生事件结果。但是，在"不动的原动者"层面上，自主体是原动者，是没有原因的原因。克拉克将不相容论的内涵分解，认为责任和决定论并不能完全对等，决定论并不能否认责任，责任并不一定以决定论为前提，由此提出了"窄不相容论"和"宽不相容论"的区别。他说："我把这样的论点视为一个单独的主张，即责任和决定论是否相容。我把这种不相容论称为窄不相容论。窄不相容论认为自由意志，正如上面所示，与决定论是不相容的，但是它们的责任是相容的。我把这种立场视为'窄不相容论'。半不相容论可能不仅仅支持窄不相容论，但是它没必要，也不会致力于决定论是否妨碍'能否那样做'的问题。我把这种观点称为'宽不相容论'，即自由意志和责任均不与决定论相容。"①

"窄不相容论"认为决定论与自由意志不相容，但是可与责任相容，它承认决定论条件下的责任，认可自主体对其行动的积极性的控制。在该理论框架中，自由意志所要求的积极控制和多种可供取舍的选择（AP）都得到了保证。由此可见，相容论的事件因果关系显然也符合它的内涵要求。然而，"宽不相容论"抵制责任和自由意志两者和决定论的相容性，认为只有在决定论前提下才能合理说明自主体要为其行动负责任。事件因果的自由意志主义观点虽然确保了最终的控制力，但是这种控制力是消极的，它没有决定性的原因，不像自主体因果关系中的自主体因果力，在众多开放的选项中，自主体因为其本质上、本体论上拥有的因果力最终挑出某一个行动结果，所以，"积极控制"只能和事件因果的相容论一致。但是，由于宽不相容论完全排除决定论，事件因果关系总的来说无法与宽不相容论一致。但是，克拉克发展了一种经过整合的自由意志主义观点，该理论囊括了自主体因果关系的三个基本要求，即要求行动的自主体原因、非事件原

---

① Clarke R. Libertarian Accounts of Free Will[M]. Oxford：Oxford University Press，2003：11.

因以及不包含事件因果关系的自主体因果关系，正如克拉克(Clarke)所说：

> (1)直接的自由行动或者其他直接的自由行动是由自主体导致
> 的；(2)没有决定(或其他行动)或自主体导致的决定(或其他行动)
> 在因果上是由事件导致的；(3)自主体因果关系不包含事件因果
> 关系。①

在自主体原因作用这一点上，克拉克的整合理论与奥康纳的自主体因果观点类似，整合理论支持自主体原因，认为只有当自主体作为原因导致行动的产生，才可将该行动称为自由行动。没有自主体的原因作用，就没有行动的决定的产生。

除了事件因果论所要保证的积极控制之外，整合性理论认为自主体在行动时，有一种额外的因果力，决定哪一个可供取舍的选项成为最终的行动结果。在这个意义上，它类似于自主体因果关系理论的"原动者"概念，自主体是该行动决定的发起者、原动者，对于自主体的积极控制进行了充分说明，避免了行动解释中"无限倒退"观点对自主体控制力的削弱。

总的来说，克拉克承认继承了自主体因果关系中的自主体原因作用，但否认自主体作为实体发挥因果作用，认为自主体作为行动的唯一原因虽然保证了控制力，但不能合理地解释意向性行动。

三、理由解释

理由在这里与原因在内涵上有着天差地别，于自主体因果关系理论而言，自主体在行动的因果链中，有决定性的原因作用，是决定行动结果唯一性的根本和关键，自主体就是行动产生的根本原因。但是理由在行动哲

---

① Clarke R. Libertarian Accounts of Free Will [M]. Oxford：Oxford University Press，2003：133-134.

学中指的是信念和愿望这样的内容，具言之，即"我相信下雨天打伞会成功挡雨"的信念和"我想要做……"的愿望，在民间心理学范畴，此类理由是行动产生的原因，但是自主体因果关系值得深究的独特之处就在于将原因和理由分开进行本体论探讨，以细化行动产生的根本原因，完整解释自主体在行动中的控制力或是自由意志。

奥康纳对于理由的解释最详尽，他认为就理由和自主体的关系而言，理由从因果上促进自主体—因果力的产生。理由的获得在一定程度上影响自主体引起意图的目标倾向，而自主体—因果力是关于执行意图的"结构化倾向"，虽然自主体因果事件的概率会随着自主体内部和外部的影响而不断变化，但由于该事件本身对意图的产生没有影响，所以理由通过影响自主体—因果力的倾向而形成最终的事件，理由以这种方式授予了概率性。不可忽视的是，自主体—因果力仍旧是事件的决定因素，随着自主体因果事件概率的变化，理由所起的这种因果作用有可能最后消耗殆尽，在行动的因果序列中，相较于自主体因果力的决定性原因作用而言，理由最重要的作用在于解释的相关性。"先前的理由和行动之间必须要有一个解释链，但是两者的因果关系未必是决定性的联系"[1]，理由对行动结果的影响在因果上不是必要条件，不起决定作用。

理由解释和自主体的自由程度息息相关。先要对"按照理由行动"（act on reason）和"为了理由行动"（act for reason）进行区分。"按照理由行动"是指理由 R 是自主体产生行动意图的结构化原因，在意图产生之时，自主体自由地按照 R 行动，并改变了他先前那样行动的可能性，但在这个过程中，自主体可能完全没有意识到理由 R 的因果影响。而"为了理由行动"是指自主体意识到了要选择的行动的某些理由，这些理由指向特定的目标，他为了实现这些目标而选择相应的行动。有意识的理由指向目标，而且该目标也是意图内容的一部分。换言之，理由的目标

---

① O'Connor T. Agent Causation[M]//O'Connor T. (eds.). Agent Causes and Events: Essays on Indeterminism and Free Will. Oxford: Oxford University Press, 1995: 192-195.

内容影响了之后的意图内容，并在行动过程中一直保留。具体而言，特定的理由 R 促进目标 G（当且仅当只有该特定理由 R 促进），目标 G 导向意图 A，并和 A 以及对 G 的信念一起构成了自主体有意识理解的理由，这样一来可以说，自主体为了理由而行动，而理由 R 在该行动中起到了独特的解释作用。所以，两者的区别关键在于自主体是否意识到理由，从而有意识地产生有目的性的行动意图。对于后者而言，自主体为了实现有意识掌控理由的目标而去行动，从而为了理由去行动，体现了自主体行动更高的自由程度。

　　根据理由在自主体因果事件中发挥的具体作用，奥康纳将理由解释分为两种，第一类理由解释是通过参考先前的愿望来解释行动，这个先前的愿望包括"前态度"或"积极倾向"，根据这些先前的愿望来解释行动的真值条件有三个：（1）在行动之前，自主体拥有一个愿望和通过正在进行的行动能满足这个愿望的信念；（2）自主体正在进行的行动是由他自己自我决定的因果活动所开启的；（3）和正在进行的行动一起，自主体继续持有这个愿望并且意指要满足那个愿望正在进行的行动。换言之，要想满足这个先前愿望的解释条件，自主体必须在行动前、行动时都持有这个愿望，而且强调该愿望并不是行动的因果链中的直接原因，其中第三个条件最必要，因为如果我在行动时没有了这个愿望，那么我是为了一个完全不同的理由去行动的，这个愿望可能就没有真正发挥其解释作用，而且这个愿望可能不是我为之行动的理由。此外，有一个时机刺激的理由，因为有这样一个不确定的问题，即我先前的愿望何时能得到实现，这个因素的考虑将会完善对行动的解释。奥康纳认为，这个因素不一定是环境的刺激，而是满足愿望的合适时机。

　　第二类理由解释是面对多种可供选择的行动时，自主体这样做而不是那样做的条件："（1）先于……他具有一个愿望 i 并且相信……他将会满足那个愿望；（2）……以这种特定的方式去行动作为满足这个愿望 i 的手段，并且他也喜欢满足 i 胜过满足任何其他的愿望；（3）这个行动是（部分地）被他自己的自我决定的因果活动引起的，这个行动的事件的组成部分就是：即将—到来的—触发—此时—此地—这样行动—去满足意向 i；（4）与这个行动同时存在的，（a）他继续愿望 i 并意图用这个行动来满足（或有助于满足）那个愿望，（b）他继续喜欢这个行动胜过向他开放的其他任何可能的行动；（5）这个同时存在的意图是由该自主体引起的触发行动的意图的一个直接的因果结果，并且它因果地维持他的行动的完成。"①这几个条件解释了自主体为什么选择了这个行动过程而不是那个行动过程，许多学者对此提出了质疑，认为自主体可能最后会出现"意志薄弱"的现象，即自主体可能会想到这样做的弊端进而逐渐放弃这样做的想法，这种质疑对于这些条件想要解决的问题是不合理的，因为这些条件只是解释了自主体的偏好行动，即回答了自主体为什么要这样做，而不是那样做，这并不代表这个选择到最后一定会发生，"对理由的拥有引起或产生了一个以特定方式去行动的伴随的倾向，这个倾向概率性地构成了基本的自主体—因果关系能力。决定按照哪种倾向性去行动仍然取决于自主体自身"②。虽然现在讨论的是理由的解释作用，但是行动产生的直接原因是自主体本身，理由解释为行动的产生提供了"充分条件"，但是这个条件必须与自由意志的因果相关性一致，理由的作用是"结构性"的，是"意动的、认知要素的嵌套结构"，是"最基本的要素"，③它将因果力的自主性限制在一个范围内，所以，自主体—因果力是在理由限定的范围中行使选择能力的。

克拉克认为理由发挥了部分原因的作用，为了理由而行动是自由意志必须满足的条件之一。④ 基于"宽不相容论"和"窄不相容论"的区分，克拉克整合的自由意志主义观点与"宽不相容论"契合，它与传统的自主体因果

---

① ［美］蒂莫西·奥康纳. 个人与原因［M］. 殷筱，译. 北京：商务印书馆，2015：191-192.

② ［美］蒂莫西·奥康纳. 个人与原因［M］. 殷筱，译. 北京：商务印书馆，2015：12.

③ ［美］蒂莫西·奥康纳. 个人与原因［M］. 殷筱，译. 北京：商务印书馆，2015：195.

④ Clarke R. Toward a Credible Agent-causal Account of Free Will［J］. Noûs，1993，27（2）：191-203.

观点不同，传统的自主体因果理论否认自主体的理由导致他的自由行动，但整合性理论却说明了自主体按照理由行动，给予行动以理由解释。他吸收了不相容论的事件因果关系的理由原因，在支持自主体原因的根本作用前提下，承认心理原因等理由和事件在行动中的原因作用。它承认心理原因，即理由的解释作用，然而，心理原因不起决定性作用，因为在决定时，自主体不仅面临多种可供取舍的选项，还针对各选项有多种理由的选择。例如，王某在上学路上遇到一位摔倒的老人，他可以选择扶老人，也可以视而不见，这两种选择的背后有多种心理因素的作用，如果他选择不去扶老人，一方面可能因为时间不够了，他害怕上课迟到遭到老师批评；另一方面尽管出于道德良心的驱使，他很想去扶，但是因为受到"碰瓷"事件的宣传影响，他害怕是个圈套，便仍旧放弃了去扶老人。在王某面前，有扶与不扶，现在扶和等会扶等多种开放性的行动选项，在各个选项中，又有多种心理因素发挥作用，哪一种心理因素决定了最终的结果不是最重要的，原因是整合理论采用了自主体的原因作用，这些心理因素只能作为理由解释最终行动的产生。

蒂莫西·奥康纳借鉴德雷斯基的分类，将原因分为构建原因和触发原因，认为理由建构了行动结果的可能性，但并没有直接触发那个行动结果。罗伊认为，理由不是自主体的状态，如导致行动的内部愿望或信念，理由是外部的因素，它们是与自主体的情况相关的一些事件状态。行动的理由是由自主体在某些情况下的"客观需要"（objective needs）构成的，所以它本质上不是事实，而是客观性的需要。当自主体自由行动时，自主体不是因为内在的心理状态而导致行动，而是为了他们自由选择的理由而行动。

主要参考文献

一、中文文献

[1][古罗马]奥古斯汀. 论自由意志[M]. 成官泯, 译. 上海：上海人民出版社, 2010.

[2]北京大学哲学系外国哲学史教研室. 西方哲学原著选读（下卷）[M]. 北京：商务印书馆, 1982.

[3]北京大学哲学系外国哲学史教研室. 古希腊罗马哲学[M]. 北京：商务印书馆, 1961.

[4]北京大学哲学系外国哲学史教研室. 十六—十八世纪西欧各国哲学[M]. 北京：商务印书馆, 1961.

[5]邓晓芒.《纯粹理性批判》讲演录[M]. 北京：商务印书馆, 2013.

[6][美]蒂莫西·奥康纳. 个人与原因[M]. 殷筱, 译. 北京：商务印书馆, 2015.

[7]范冬萍. 突现与下向因果关系的多层级控制[J]. 自然辩证法研究, 2012, 28(1)：19.

[8]高新民, 付东鹏. 意向性与人工智能[M]. 北京：中国社会科学出版社, 2014.

[9]高新民,张尉琳.天赋心灵研究的自然主义之维[J].科学技术哲学研究,2018,35(5):1-8.

[10]高新民,刘占峰,宋荣.心灵哲学的当代建构[M].北京:科学出版社,2019.

[11]高新民,沈学君.现代西方心灵哲学[M].武汉:华中师范大学出版社,2010.

[12]高新民,束海波.心理因果性最新研究及其对意识反作用理论的意义[J].贵州社会科学,2019(06):4-12.

[13]高新民,张文龙.基于比较心灵哲学的心理动力学探究[J].华中师范大学学报(人文社会科学版),2019,58(5):122-132.

[14]高新民.心灵与身体:心灵哲学中的新二元论探微[M].北京:商务印书馆,2012.

[15]高新民.自我的"困难问题"与模块自我论[J].中国社会科学,2020(10):155-156.

[16]金炳华.马克思主义哲学大辞典[M].上海:上海辞书出版社,2003.

[17]柯文涌,陈丽.广义副现象论及其论证:自由意志的能动性的认识论拯救[J].自然辩证法研究,2021,37(12):19-25.

[18]贲益民.科学能否证明自由意志只是我们的错觉?[J].世界哲学,2016(6):80-87.

[19]李夏冰,殷杰.自由意志是一个幻觉吗?——基于加扎尼加的突现路径[J].科学技术哲学研究,2020,37(1):7-13.

[20]刘清平.自由、强制和必然——"自由意志"之谜新解[J].贵州社会科学,2017(3):12-20.

[21]吕乃基,刘郎.自然辩证法导论[M].南京:东南大学出版社,1991.

[22][美]斯蒂芬·P.斯蒂克,特德·A.沃菲尔德.心灵哲学[M].高新民,刘占峰,陈丽,等,译.北京:中国人民大学出版社,2014.

[23]沈顺福.荀子之"心"与自由意志——荀子心灵哲学研究[J].社会科学,2014(3):113-120.

［24］田平．自由意志的深问题及其知识论的解决方案［J］．哲学研究，2007（3）：53-60.

［25］王延光．意识突现论与意志自由［J］．哲学动态，2014(9)：67-71.

［26］［美］休谟．人性论［M］．关文运，译．北京：商务印书馆，2016.

［27］徐向东．理解自由意志［M］．北京：北京大学出版社，2008.

［28］［古希腊］亚里士多德．尼各马可伦理学［M］．廖申白，译注．北京：商务印书馆，2003.

［29］叶秀山．苏格拉底及其哲学思想［M］．北京：人民出版社，1986.

［30］张琪，王姝彦．决定关系与心理因果性［J］．科学技术哲学研究，2021，38(5)：41-46.

二、英文文献

(一) 自由意志问题导论类

［1］Deery O. The Philosophy of Free Will［M］. Oxford：Oxford University Press，2012.

［2］Kane R. The Oxford Handbook of Free Will［M］. 2nd ed. New York：Oxford University Press，2011.

［3］Kane R. The Oxford Handbook of Free Will［M］. 1st ed. New York：Oxford University Press，2004.

［4］Watson G. Free Will［M］. New York：Oxford University Press，1982.

［5］Watson G. Free Will［M］. 2nd ed. New York：Oxford University Press，2003.

［6］Kane R. A Contemporary Introduction to Free Will［M］. Oxford：Oxford University Press，2005.

(二)自由意志问题专题类

[1]Bayne T, Levy N. The Feeling of Doing: Deconstructing the Phenomenology of Agency[M]// Sebanz W P N. (eds.). Disorders of Volition. Cambridge, MA: MIT Press, 2006.

[2]Bayne T. Libet and the Case for Free Will Scepticism[M]//Swinburne R. (eds.). Free Will and Modern Science. Oxford: Oxford University Press, 2011.

[3]Bayne T. The Phenomenology of Agency[J]. Philosophy Compass, 2008, 3 (1): 187-189.

[4]Berofsky B. Compatibilism without Frankfurt: Dispositional Analyses of Free Will[M]//Kane R. (eds.). Oxford Handbook of Free Will. 2nd ed. New York: Oxford University Press, 2011.

[5]Bishop R C. Chaos, Indeterminism, and Free Will[M]// Kane R. (eds.). Oxford Handbook of Free Will. 2nd ed. New York: Oxford University Press, 2011.

[6]Burrell D B. Science, Perception, and Reality[M]. London: Routledge & Kegan Paul, 1963.

[7]Carpenter W B. Principles of Mental Physiology, with Their Applications to the Training and Discipline of the Mind and the Study of its Morbid Conditions[M]. New York: Appleton, 1888.

[8]Carruthers P. Introspection: Divided and Partly Eliminated[J]. Philosophy and Phenomenological Research, 2010, 80(1): 76-111.

[9]Carruthers P. The Illusion of Conscious Will[M]. Cambridge, MA: MIT Press, 2007.

[10]Chisholm R. Human Freedom and the Self[M]. Watson G. (eds.). Free will. Oxford: Oxford University Press, 1982.

[11] Clark A. Visual Experience and Motor Action: Are the Bonds Too Tight? [J]. Philosophical Review, 2001, 110(4): 495-519.

[12] Clarke R. Libertarian Accounts of Free Will[M]. Oxford: Oxford University Press, 2003.

[13] Clarke R. Toward a Credible Agent-causal Account of Free Will[J]. Noûs, 1993, 27(2): 191-203.

[14] Clayton P. Mind and Emergence: From Quantum to Consciousness[M]. New York: Oxford University Press, 2004.

[15] Dennett D C, Kinsbourne M. Time and the Observer: The Where and When of Consciousness in the Brain[J]. Behavioral and Brain Sciences, 1992, 15 (2): 183-247.

[16] Dennett D C. On Giving Libertarians What They Say They Want[M]// Dennett D C. Brainstorms. Cambridge: MIT Press, 1978: 286-299.

[17] Ekstrom L. Alienation, Autonomy, and the Self[J]. Midwest Studies in Philosophy, 2005(29): 45-67.

[18] Ellis G F R. Physics and the Real World[J]. Foundations of Physics, 2006 (36): 227-262.

[19] Elliot R, Frith C D, Dolan R J. Differential Neural Response to Positive and Negative Feedback in Planning and Guessing Tasks[J]. Neuropsychologia, 1997(35): 225-233.

[20] Fara M. Masked Abilities and Compatibilism[J]. Mind, 2008(117): 843-865.

[21] Feldman F. Freedom and Contextualism[M]//Campbell J, O'Rourke M, Shier D. (eds.). Freedom and Determinism. Cambridge: MIT Press, 2004.

[22] Fischer J M, Ravizza M. Responsibility and Control: An Essay on Moral Responsibility[M]. Cambridge: Cambridge University Press, 1998.

[23] Fischer J, Kane R, De'rboom D, et al. Four Views on Free Will[M]. Malden: Blackwell, 2007.

［24］Frankfurt H. Freedom of the Will and the Concept of a Person［J］. Journal of Philosophy, 1971, 68(1): 5-20.

［25］Frankfurt H. Reply to John Martin Fischer［M］//Buss S, Overton I. (eds.). Contours of Agency. Cambridge: MIT Press, 2002.

［26］Freeman W. Societies of Brnins: A Shldy in the Neuroscience of Love md Hnte［M］. Hillsdale, NJ: Erlbaum, 1995.

［27］Frith C. Making up the Mind: How the Brain Creates Our Mental World ［M］. Blackwell, Malden, 2007.

［28］Gatlin L. Informntion and the Living Systenl［M］. New York: Columbia University Press, 1972.

［29］Ellis G F R. Top-Down Causation and the Human Brain［M］// Murphy N, Ellis G F R, O'Connor T. (eds.). Downward Causation and the Neurobiology of Free Will. New York: Springer, 2009.

［30］Ginet C. On Action［M］. Cambridge: Cambridge University Press, 1990.

［31］Hobart R E. Free Will as Involving Determination and Inconceivable Without it［J］. Mind, 1934, 43(169): 1-27.

［32］Hobbes T. Leviathan［M］//Flatman R E, Johnston D. (eds.). New York: W. W. Norton & Co., 1997.

［33］Hodgson D. Rationality + Consciousness = Free Will［M］. Oxford: Oxford University Press, 2012.

［34］Honderich T. A Theory of Determinism［M］. Oxford: Oxford University Press, 1988.

［35］Honderich T. How Free Are You? ［M］. Oxford: Oxford University Press, 1993.

［36］Horgan T, Tienson J, George G. The Phenomenology of First-person Agency ［M］//Walter S, Heinz-Dieter H. (eds.). Physicalism and Mental Causation. (Imprint Academic), 2003.

［37］Horgan T. The Phenomenology of Agency and Freedom［M］//Manetti D,

Caianip S Z. Agency: From Embodied Cognition to Free. Oxford: Oxford University Press, 2011.

[38] Hume D. A Treatise of Human Nature [M]. Oxford: Oxford University Press, 2000.

[39] Jackson F. Epiphenomenal Qualia [M]//Clark A, Toribio J. (eds.). Consciousness and Emotion in Cognitive Science. New York: Garland, 1998: 197-206.

[40] Juarrero A. Dynamics in Action: Intentional Behavior as a Complex System [M]. Cambridge: MIT Press, 1999.

[41] Kane R. Rethinking Free Will: New Perspectives on an Ancient Problem [M]//Kane R. (ed.). The Oxford Handbook of Free Will. 2nded. Oxford: Oxford University Press, 2011.

[42] Kane R. The Complex Tapestry of Free Will: Striving Will, Indeterminism and Volitional Streams[J]. Synthese, 2019, 196: 145-160.

[43] Kane R. The Dual Regress of Free Will and the Role of Alternative Possibilities[J]. Philosophical Perspectives, 2000, 14(14): 57-80.

[44] Kane R. The Significance of Free Will[M]. New York: Oxford University Press, 1996.

[45] Knobe J, Nichols S. Free Will and the Bounds of the Self[M]//Kane R. (ed.). Oxford Handbook of Free Will. 2nd ed. New York: Oxford University Press, 2011.

[46] Kriegel U. The Varieties of Consciousness [M]. New York: Oxford University Press, 2015.

[47] Levy N. Hard Luck: How Luck Undermines Free Will and Moral Responsibility[M]. Oxford: Oxford University Press, 2011.

[48] Lewis D. Finkish Dispositions [J]. Philosophical Quarterly, 1997 (47): 143-158.

[49] Libet B, C. Gleason C, Wright E, et al. Preparation-or Intention to Act in

Relation to Preevent Potentials [J]. Electroencephalograph and Clinical Neurophysiology, 1983, 56(4): 367-72.

[50]Libet B, Gleason C, Wright E, et al. Time of Conscious Intention to Act in Relation to Cerebral Potential[J]. Brain, 1983, 106: 623-642.

[51]Libet B, Pearl D, Morledge D, et al. Control of the Transition from Sensory Detection to Sensory Awareness in Man by the Duration of a Thalamic Stimulus[J]. Brain, 1991, 114(4): 1731-1757.

[52]Libet B. Conscious Subjective Experience vs. Unconscious Mental Functions [M]//Cotterill R M J. (eds.). Models of Brain Function. New York: Cambridge University Press, 1989.

[53]Libet B. Do We Have a Free Will? [J]. Journal of Consciousness, 1999, 6 (8-9): 47-57.

[54]Libet B. Mind Time[M]. Cambridge: Harvard University Press, 2004.

[55]Libet B. Neural Time Factors in Conscious and Unconscious Mental Function [M]. Hameroff S. (eds.). Toward a Science of Consciousness. Cambridge, MA: MIT Press, 1996.

[56]Libet B. Unconscious Cerebral Initiative and the Role of Conscious Will in Voluntary Action[J]. Behavioral and Brain Sciences, 1985, 8(4): 529-566.

[57]Lowe E J. Personal Agency: The Metaphysics of Mind and Action[M]. Oxford: Oxford University Press, 2008.

[58]Marcel A. The Sense of Agency: Awareness and Ownership of Action[M]// Roessler J, Eilan N. (eds.). Agency and Self-awareness: Issues in Philosophy and Psychology. Oxford: Oxford University Press, 2003.

[59]Mele A. Autonomous Agents[M]. New York: Oxford University Press, 1995.

[60]Mele A. Effective Intentions: The Power of the Conscious Will[M]. New York: Oxford University Press, 2009.

［61］Mele A. Free Will and Luck［M］. New York: Oxford University Press, 2006.

［62］Mele A. Motivation and Agency［M］. New York: Oxford University Press, 2003.

［63］Mele A. Review of Robert Kane's the Significance of Free Will［J］. Journal of Philosophy, 1998, 95(11): 581-584.

［64］Moore G E. Ethics［M］. Oxford: Oxford University Press, 1912.

［65］Newsome W T. Human Freedom and Emergence［M］// Murphy N, Ellis G F R, O'Connor T. (eds.). Downward Causation and the Neurobiology of Free Will. New York: Springer, 2009.

［66］Nisbett R, Wilson T. Telling More than We Can Know: Verbal Reports on Mental Processes［J］. Psychological Review, 1977, 84(3): 231-259.

［67］O'Connor T. Agent Causation［M］//O'Connor T. (eds.). Agent Causes and Events: Essays on Indeterminism and Free Will. Oxford: Oxford University Press, 1995.

［68］O'Connor T. Agent-causal Theories of Freedom［M］//Kane R. (eds.) The Oxford Handbook of Free Will 2nd ed. Oxford: Oxford University Press, 2013.

［69］O'Connor T. Agent-causal Power［M］//Handeld T. (eds.). Dispositions and causes. Oxford: Oxford University Press, 2009.

［70］O'Connor T. Agent-Causal Power［M］//Russell P, Deery O. (eds.). The Philosophy of free will. Oxford: Oxford University Press, 2013.

［71］O'Connor T. Degrees of Freedom［J］. Philosophical Explorations, 2009, 12(2): 115-125.

［72］O'Connor T. Persons and Causes: The Metaphysics of Free Will［M］. New York: Oxford University Press, 2000.

［73］Pereboom D. Free Will［M］. Indianapolis: Hackett, 1997.

［74］Pereboom D. Living Without Free Will［M］. Cambridge: Cambridge

University Press, 2011.

[75] Reid T. Essays on the Intellectual Powers of Man[M]. Cambridge: MIT Press, 1969.

[76] Reid T. The Works of Thomas Reid[M]. Holdeshein: George Ulm, 1983.

[77] Ricoeur P. Freedom and Nature: The Voluntary and the Involuntary[M]. Evanston: Northwestern University Press, 1966.

[78] Russell P. Compatibilist-fatalism: Finitude, Pessimism, and The Limits of Free Will[M]//Russell P, Deery O. (eds). The Philosophy of Free Will. Oxford: Oxford University Press, 2013.

[79] Russell P. The Philosophy of Free Will: Essential Readings from the Contemporary Debates[M]. New York: Oxford University Press, 2012.

[80] Searle J. Intentionality[M]. Cambridge: Cambridge UP, 1983.

[81] Selen L P J, Shadlen M N, Wolpert D M. Deliberation in the Motor System: Reflex Gains Track Evolving Evidence Leading to a Decision[J]. The Journal of Neuroscience, 2012, 32(7): 2276-2286.

[82] Shepherd J. Conscious Action/Zombie Action[J]. Joshua Shepherd Noûs, 2016, 50 (2): 419-444.

[83] Shepherd J. Scientific Challenges to Free Will and Moral Responsibility[J]. Philosophy Compass 2015, 10(3): 197-207.

[84] Shepherd J. The Apparent Illusion of Conscious Deciding[J]. Philosophical Explorations, 2013, 16(1): 18-30.

[85] Smilansky S. Free will, Fundamental Dualism, and the Centrality of Illusion [M]//Kane R. (eds.). Oxford Handbook of Free Will. 2nd ed. New York: Oxford University Press, 2011.

[86] Spinoza B. Ethics[M]//Curley E. (eds. and trans.). The Collected Works of Spinoza. Princeton: Princeton University Press, 1985.

[87] Steward H. A Metaphysics for Freedom[M]. Oxford: Oxford University Press, 2012.

［88］Strawson G. Freedom and Belief［M］. Oxford：Clarendon Press，1986.

［89］Taylor R. Metaphysics［M］. Englewood Cliffs：Prentice Hall，1974.

［90］Tse P. The Neural Basis of Free Will：Criterial Causation［M］. Cambridge：MIT Press，2013.

［91］Vargas M. Building Better Beings［M］. Oxford：Oxford University Press，2013.

［92］Vargas M. Revisionism about Free Will：A Statement and Defense［J］. Philosophical Studies，2009，144（1）：45-62.

［93］Vihvelin K. Free Will Demystified：A Dispositional Account［J］. Philosophical Topics，2004，32（1/2）：427-439.

［94］Walter H. Neurophilosophy of Free Will：From Libertarian Illusion to the Concept of Natural Autonomy［M］. Cambridge：MIT Press，2001.

［95］Walter H. Neurophilosophy of Free Will［M］//Kane R.（eds.）. The Oxford Handbook of Free Will. 1st ed. New York：Oxford University Press，2002.

［96］Wegner D M，Wheatley T. Apparent Mental Causation：Sources of the Experience of Will［J］. American Psychologist，1999（54）：480-491.

［97］Wegner D M. The Illusion of Conscious Will［M］. Cambridge：MIT Press，2002.

［98］Wolf S. Freedom Within Reason［M］. Oxford：Oxford University Press，1990.

（三）网页

［1］http：//www. mth. uct. ac. za/~ellis/realworld. pdf.

［2］O'Connor T. Emergent Properties［EB/OL］.（2020-8-10）［2021-2-27］. http：//plato. stanford. edu/entries/properties-emergent/.

［3］https：//plato. stanford. edu/entries/compatibilism/#ClasComp.